1000 SCHRAUBERTIPPS

FÜR LIEBHABER VON OLD- UND YOUNGTIMERN

HANS-JÖRG GÖTZL (HRSG.)

Motor buch Verlag

IMPRESSUM

Einbandgestaltung: Sven Rauert, unter Verwendung von Motiven aus dem Archiv der Motorpresse, Stuttgart

Herausgeber: Hans-Jörg Götzl
Texte: Christian Bangemann, Alf Cremers, Daniel Endreß, Klaus Finkenburg, Hans-Jörg Götzl, Kai Klauder, Anna Matuschek, Bernd Woytal
Fotos und Grafiken: Archiv der Motorpresse, Daimler-Benz AG, Dino Eisele, Fact, Fahrzeugakademie Schweinfurt, Fotolia, Rossen Gargolov, Getty Images, Hazet, Beate Jeske, Uli Jooß, KS Tools, Anna Matuschek, Hardy Mutschler, Michael Orth, Ingolf Pompe, Mario Rodriguez, Dave Schahl, Matthias Seeburger, Jonathan Schule, Hans-Dieter Seufert, Shutterstock, Götz von Sternefels, WilTec, Würth, Bernd Woytal

ISBN: 978-3-613-04600-9

1. Auflage 2023

Sie finden uns im Internet unter **www.motorbuch-verlag.de**

Lektorat: Bernd Keidel
Innengestaltung: Lukas Kretzschmar, Markus Köllmann, tebitron gmbh
Druck und Bindung: GPS, Bosnia-Herzegovina
Printed in Bosnia-Herzegovina

Schrauber-Glück

Sie möchten gerne selbst an Ihrem Klassiker arbeiten, haben sich aber bislang nicht getraut? Nur Mut – in diesem Buch erfahren Sie alles über den Einstieg in die Schrauber-Welt!

Es ist im Grunde ganz einfach – und Sie können es auch: an Ihrem Oldtimer oder Youngtimer kleinere oder größere Wartungsarbeiten und Reparaturen vornehmen. Bei genügend Erfahrung steht selbst einer kompletten Restaurierung eines Autos oder Motorrads nichts im Wege. Mit diesem Motor Klassik Spezial wollen wir Ihnen den Einstieg in die faszinierende Welt von Schrauben und Muttern, Ringschlüssel und Maulschlüssel sowie Fühlerlehre und Multimeter erleichtern und Ihnen die Scheu davor nehmen, selbst an Ihrem geliebten Gefährt zu schrauben.

Ausrüstung, Theorie, Praxis

Dazu erklären wir Ihnen zunächst, welches Werkzeug Sie als Grundausstattung benötigen und woran Sie gute Gabelschlüssel, Zangen oder Schraubendreher erkennen – keine Bange, für den Anfang benötigen Sie gar nicht viel, und die Investition haben Sie mit ein paar kleineren Arbeiten wie etwa Zündkerzen- oder Luftfilterwechsel bald wieder heraus. Für den Fall, dass Sie dabei nicht an der Bordsteinkante arbeiten möchten (auch dazu finden Sie hier natürlich Tipps), erklären wir Ihnen, wie Sie mit einfachen Mitteln Ihre Garage zu einem Schrauberparadies machen können.

Anschließend vermitteln wir Ihnen ein wenig Grundwissen zu den Bereichen Mechanik, Elektrik und Karosserie und stellen Ihnen ausgewählte Fachliteratur vor, etwa die beliebte »Jetzt helfe ich mir selbst«-Reihe aus dem Motorbuch Verlag. Je mehr Sie theoretisch wissen, desto besser können Sie praktisch arbeiten – zum korrekten Einstellen des Ventilspiels sollte man schon wissen, warum es dieses überhaupt gibt.

Das Thema Ventilspiel-Einstellen gehört dann zum praktischen Teil, in dem wir neben vielen anderen Tipps am Beispiel eines MGB eine komplette Inspektion in allen Arbeitsschritten zeigen. Und wenn Sie tatsächlich einmal eine Restaurierung in Angriff nehmen wollen, können Sie nachlesen, wie Sie dabei planvoll vorgehen und die größten Fehler vermeiden.

Und egal wie viel Sie am Ende tatsächlich selbst schrauben – mit der Menge an Werkzeug und Wissen wird auch Ihr Selbstvertrauen wachsen, und damit werden Sie das Leben mit Ihrem Klassiker noch mehr genießen können. In diesem Sinne, herzlichst Ihr

H.-J. Götzl

hjgoetzl@motorpresse.de

Inhalt

Menschen

Ausrüstung

Schrauben hat mit ***Schrauben*** *zu tun. Und mit Gewinden, Bolzen, Lagern und Buchsen*

Service

Manchmal muss man ***improvisieren****. Aber schrauben lässt sich überall*

Die ***Inspektionsarbeiten*** *am eigenen Klassiker selbst erledigen? Wieso nicht? Trauen Sie sich!*

Theorie

Praxis

Rubriken

***Elektrik** ist eine spannende Sache: alles Wichtige zu Volt, Watt, Ohm und Strom*

*Noch ganz sauber? **Wagenpflege** ist mehr als nur Waschen. Tipps für glänzende Aussichten*

***Thomas Rinkert** ist Kaufmann und Land-Rover-Spezialist. Und einer von vier Schraubern im Porträt*

Schrauben ist unsere Leidenschaft

**Es kann schnell gehen oder sich über Jahrzehnte anbahnen – die Lust am Schrauben birgt allerdings immer Suchtpotenzial.
Denn wenn sich die ersten Erfolge einstellen, erwacht der sportliche Ehrgeiz, auch größere Projekte in Angriff zu nehmen. Vier Beispiele stellen wir vor.**

Text Kai Klauder · **Fotos** Dave Schahl, Uli Jooß, Hans-Dieter Seufert, Dino Eisele

Uli Jooß
Seine Ausbildung zum Kfz-Mechaniker begann er mit 17, machte seinen Meister – und sattelte vor 24 Jahren auf den Beruf des Fotografen um. Vom Schrauben konnte er allerdings nicht ganz lassen und kümmert sich um seinen Traktor, sein Motorrad und auch seinen Motorroller

Matthias Schär
Der Schweizer hat mehrere Autos komplett restauriert. Seinen VW Golf GTI fand er in einem offenen Schuppen und restaurierte ihn in seiner eigenen Schrauberhalle. Nach elf Monaten intensiven Arbeitens und der Hilfe eines Lackierers strahlt der Golf I GTI wieder wie neu

Christian Sturm
Sein Herz schlägt für die Baureihe W 124 von Mercedes-Benz – und nicht nur seins: In der Familie des W-124-Technikreferenten tummeln sich derzeit sechs Exemplare der späteren E-Klasse. Aktuelles Schrauberprojekt ist ein 500 E, bei dem der M-119-V8-Motor revidiert wird

Thomas Rinkert
Besitzt mehrere Land Rover, einen MG TF, Austin-Healey BJ8, zwei Mini sowie einen MG ZT. Mit seinem für den harten Geländeeinsatz selbst umgebauten Landy 90 pflügt er am liebsten durch das Offroad-Gelände rund ums Château de Thenissey (auf YouTube gibt's viele Videos zu finden)

»Kühlerreparatur mit 'nem Leatherman: geht«

Thomas Rinkert, 65, Kaufmann und Land-Rover-Spezialist

Wann haben Sie angefangen, selbst an Ihrem Auto zu schrauben?
Mit 19 an einem Mercedes-Taxi. Das war ein 190 D – der mit Flossen und 55-PS-Wanderdünen-Diesel. Wenn sich die Tachonadel auf 120 km/h gerappelt hat, waren wir mächtig stolz. Der Wagen hatte schon mehr als 300 000 Kilometer auf der Uhr, ist aber immer gelaufen – auch weil wir immer an ihm schraubten, um ihn fahrbereit zu halten.

Was war die erste selbst erledigte Schraubertätigkeit?
Das war an meinem ersten eigenen Auto, einem Prinz P3. Da gab's immer was zu tun – vor allem am Auspuff, der regelmäßig abfiel. Außerdem an Motorrädern – Horex Regina und BMW R25.

Wo schrauben Sie heute?
Im eigenen Betrieb in Wurmberg – wenn ich dazu komme.

Welchen Rat haben Sie für Einsteiger?
In Bezug auf Land Rover: zunächst das Auto, das man kaufen möchte, von einem Fachmann durchsehen lassen. Finger weg von optisch schön gemachten Autos – den typischen Blendern, bei denen Schrauben und Zinkteile überlackiert sind.

Schrauben Sie lieber allein oder gemeinsam mit anderen?
Gerne mit anderen, wenn etwas zu improvisieren ist. Auf unseren Geländetouren müssen wir oft direkt vor Ort Reparaturen durchführen. Wie letztens, als uns ein Ast den Kühler durchstochen hat. Das haben wir dann einfach mit einem Leatherman repariert.

Was war Ihre größte Schrauberleistung?
Das war der Einbau eines TDI-300-Motors in einen Land Rover 90: kompletter Motorumbau, bei dem der Rahmen umgeschweißt und Nebenaggregate verändert werden mussten.

Mussten Sie auch schon mal unterwegs Werkzeug rausholen?
Ja, klar, sind ja englische Autos. Standards wie Ölkontrolle von Differenzial, Verteiler- und Schaltgetriebe sowie Overdrive – aber auch Radlager wechselten wir schon an der Straße. Bei unserer 7000-Kilometer-Afrika-Tour im 109er hatten wir aber keinen einzigen Defekt.

Woran würden Sie sich nicht trauen – wo hört Ihre Schrauberleidenschaft auf?
Bei den elektronischen Motoren ab TD4. Ich liebe die rein mechanischen bis TDI – die Motoren, die auch noch ohne Batterie laufen.

Was ist Ihr derzeitiges/nächstes Projekt?
Meinen 96er Mini Balmoral Edition komplett restaurieren – inklusive Spritzverzinkung der Rohkarosserie. Der soll 2025 zu meinem 70. Geburtstag fertig werden.

Thomas Rinkert lebt Land Rover. Auf seinen Expeditionen und Geländetouren wird es nass und schmutzig. Sein offener 90 ist – auch im Motorraum – von einer dicken Schlammschicht überzogen. Er läuft aber immer

»Langsam beginnen und dann steigern«

Uli Jooß, 61, Kfz-Meister und Fotograf

Wann haben Sie angefangen, selbst an Ihrem Auto zu schrauben?
Das kann ich ganz genau sagen: mit 17, als ich meine Lehre als Kfz-Mechaniker begonnen habe. Das war mein erstes Berufsleben. Mittlerweile bin ich seit 24 Jahren als Fotograf tätig.

Was war die erste selbst erledigte Schraubertätigkeit?
Nachdem ich mir für 150 Mark einen 1966er VW Käfer gekauft hatte, musste ich den über den TÜV bringen. Es stellte sich heraus, dass dies nicht so ganz einfach werden würde. Also habe ich in die Hände gespuckt und ihn repariert. Da war wirklich eine Menge zu tun – inklusive neuer Kupplung und diverser Schweißarbeiten.

Wo schrauben Sie heute?
Heute nur noch privat bei mir in der Werkstatt und in der Garage. Dort erledige ich alles, was an Motorrad, Traktor und Roller anfällt. Wenn nötig, drehe ich mir auch Teile an meiner Drehmaschine.

Welchen Rat haben Sie für Einsteiger?
Der wichtigste Rat ist, sich nicht zu viel vorzunehmen. Langsam mit kleinen Aufgaben anfangen und dann steigern. So bleibt der Spaß erhalten, und Frust wird vermieden.

Schrauben Sie lieber allein oder gemeinsam mit anderen?
Da gibt es für mich keine eindeutige Antwort. Ich mache beides gerne – je nach anfallender Arbeit und Stimmung.

Was war Ihre größte Schrauberleistung?
Das war die Komplettrestaurierung meiner BMW R 100 CS, die auf diesen Bildern hier zu sehen ist. Ich habe sie – bis auf Motor und Getriebe – komplett zerlegt, viele Teile aufbereitet, manche durch Neuteile ersetzt und danach wieder aufgebaut.

Mussten Sie auch schon mal unterwegs Werkzeug rausholen?
Nicht nur einmal! Das ist allerdings schon recht lange her.

Woran würden Sie sich nicht trauen – wo hört Ihre Schrauberleidenschaft auf?‘
Das sind Motorenrevisionen, für diese Arbeiten habe ich erstens nicht das ganze Spezialwerkzeug, was dafür nötig ist, und zweitens auch nicht genug Erfahrung.

Was ist Ihr derzeitiges/nächstes Projekt?
Das wird wahrscheinlich wieder die BMW – nach zehn Jahren möchte ich sie wieder zerlegen und diesmal den Rahmen und die mittlerweile angegriffenen und angerosteten Teile (Sitz, Tank, Schutzbleche) lackieren.

Das Bild auf Seite 10 zeigt den traurigen Ausgangszustand der BMW R 100 CS. Uli Jooß demontierte sämtliche Komponenten – außer der Antriebseinheit – und restaurierte die Boxermaschine zum Schmuckstück

»Das W-124-Virus hat die gesamte Familie infiziert«

Christian Sturm, 55, Kfz-Meister, Fzg.-Entwicklung und Test

Wann haben Sie angefangen, selbst an Ihrem Auto zu schrauben?
Mit circa zehn Jahren habe ich begonnen, meinem Vater am W 114, einem 200 D (später folgten W 123 240 D, 280 CE und W 201 190 E), bei kleineren Arbeiten zu helfen: Öl- mit Filterwechsel, Bremsbeläge und -scheiben tauschen, Auspuff wechseln und die Stereoanlagen einbauen. Es war damals ganz normal, mit »Do it yourself« Geld zu sparen.

Was war die erste selbst erledigte Schraubertätigkeit?
Ein Blaupunkt-Radio mit Schwanenhals und vier Lautsprechern in einen W 123 einzubauen.

Wo schrauben Sie heute?
In meiner Garage an Karosserie und Fahrwerk, im Keller an elektrischen und elektronischen Bauteilen sowie Kleinteilen. Wenn meine eigenen Räumlichkeiten nicht ausreichen, dann auch gerne bei einem sehr guten Freund.

Welchen Rat haben Sie für Einsteiger?
Trau dich! Dreck beißt nicht! Learning by doing!

Schrauben Sie lieber allein oder gemeinsam mit anderen?
In der Zwischenzeit liebe ich es, mit Patrick, dem Ehemann meiner Tochter Larissa, zu schrauben.

Was war Ihre größte Schrauberleistung?
Ich bin aktuell dabei, an einem Mercedes 500 E den V8-Motor auszubauen. Außerdem stehen bei dem M 119 der Tausch der Gleitschienen, der Steuerkette und des Spanners an. Und in dem Aufwasch revidiere ich gleich die Zylinderköpfe.

Mussten Sie auch schon mal unterwegs Werkzeug rausholen?
Bisher zum Glück nicht bei einem meiner Autos, sondern nur für Clubmitglieder bei Ausfahrten und Veranstaltungen. Meine sechs 124er-Mercedes sind alle gut gewartet und grundsätzlich durchrepariert. Zum Glück sind meine Frau Ilka und mein Schwiegersohn Patrick auch vom W-124-Virus infiziert.

Woran würden Sie sich nicht trauen – wo hört Ihre Schrauberleidenschaft auf?
Kurz und knapp: 4Matic und Automatikgetriebe – da fehlt mir einfach die Erfahrung. Ach ja, und Schweißen, da habe ich kein Händchen für. Lieber ein Fahrzeug komplett neu verkabeln, das macht mehr Spaß!

Was ist Ihr derzeitiges/nächstes Projekt?
Aktuell der 500 E, dann steht die Kopfdichtung am Cabrio an, einem E-320-Sechszylinder. Das ist ein toller Ausgleich zum Berufsleben.

Insgesamt sechs Mercedes 124 gehören zum Haushalt der Familie Sturm. Christian kennt sich bestens mit der Baureihe aus – er ist Technikreferent des W-124-Clubs und weiß auf alle technischen Fragen eine Antwort

»Mittlerweile traue ich mir alle Arbeiten zu«

Matthias Schär, 38, Dipl.-Industriemeister im Maschinenbau

Wann haben Sie angefangen, selbst an Ihrem Auto zu schrauben?
Schon mit drei bis vier Jahren war ich immer dabei, wenn mein Vater an Autos schraubte. Der arbeitete als Automechaniker – da gab es immer viel zu sehen und zu entdecken. Als ich dann mit 17 mein erstes Auto besaß – einen Ford Taunus Jahrgang 1976 –, ging es für mich so richtig los. Es folgten bis heute 79er Opel Manta B GT/E, 91er Golf II GTI 16V, 70er VW Käfer 1302 S mit Typ-4-Motor, 70er VW Typ 3 TL/E, zwei 69er VW 411 LE Variant, Mercedes W 124er: 91er 500 E, 95er E280 und dann noch ein 86er 300 SE W 126 und ein 2001er SL 500.

Was war die erste selbst erledigte Schraubertätigkeit?
Der Motortausch bei einem VW Käfer – lief einwandfrei.

Wo schrauben Sie heute?
Heute unter den besten Bedingungen: Ich kann in meiner eigenen Halle schrauben, einer ehemaligen Schlosserei.

Welchen Rat haben Sie für Einsteiger?
Ich empfehle Anfängern, mit kleineren Arbeiten zu beginnen. So lassen sich schnell erste Erfolge feiern. Wer sich gleich zu Beginn zu viel vornimmt, kann schnell den Spaß an seinem Projekt verlieren.

Schrauben Sie lieber allein oder gemeinsam mit anderen?
Es kommt darauf an, kann ich da nur antworten. Denn manchmal ist es rationeller, alleine an einer Sache zu arbeiten. Aber natürlich macht es mehr Spaß, wenn man gemeinsam mit Freunden in der Werkstatt schraubt, sich gegenseitig helfen und beraten kann.

Was war Ihre größte Schrauberleistung?
Da gibt es nicht die eine Leistung, sondern viele Arbeiten, die ich erledigt habe. Das geht von Komplettrestaurierungen über die Revision von Motoren und Getrieben bis zu langwierigen Schweißarbeiten.

Mussten Sie auch schon mal unterwegs Werkzeug rausholen?
Tatsächlich nicht. Bisher hatte ich Glück. Ich erledige meine Arbeiten immer so, dass ich voll dahinterstehen kann und die Sache dann auch funktioniert.

Woran würden Sie sich nicht trauen – wo hört Ihre Schrauberleidenschaft auf?
Da gibt es nichts, woran ich mich nicht trauen würde. Mittlerweile habe ich so viele Erfahrungen gesammelt, dass ich mir alle Arbeiten zutraue.

Was ist Ihr derzeitiges/nächstes Projekt?
Momentan restauriere ich einen VW Käfer.

Der Golf GTI war nach zwölf Jahren im offenen Schuppen marode. Das Kamei-Spoiler-Kit musste ebenso weichen wie die breiten Leichtmetallfelgen. Elf Monate nach dem Kauf war der Ur-GTI dann wieder wie neu

Jeder kann schrauben!

Jawohl: Sie auch! Niemand wird mit zwei linken Händen geboren. Jeder – wirklich jeder – kann lernen, an seinem Automobil die eine oder andere Wartung oder Reparatur durchzuführen. Alles, was Sie brauchen, ist Zeit, ein wenig Lernwillen und etwas Mut.

Text Hans-Jörg Götzl · **Illustration** Matthias Seeburger

JEDER KANN SCHRAUBEN!

Wenn Sie Glück hatten – großes Glück, um genau zu sein –, dann verlief Ihre automobile Karriere bislang etwa folgendermaßen: Im zarten Alter von 15 oder 16 Jahren schwangen Sie sich in den Sattel eines Mofas, Mopeds, Kleinkraftrads oder eines anderen motorisierten Zweirads und begannen, alleine oder mit anderen jugendlichen Delinquenten zusammen, daran herumzubasteln – um das Ding schneller oder zumindest schöner zu machen als die Kisten besagter anderer jugendlicher Delinquenten.

Möglicherweise ging Ihnen dann zwischendurch mal Straße und Talent aus; anschließend haben Sie Ihr geliebtes Gefährt, diesen Garanten Ihrer Freiheit, wieder mit den Kumpels zusammen geradegeklopft. Gerne geschah dies in einer dunklen, zugigen Garage oder im Hinterhof eines Freundes, die Eltern und Nachbarn mussten schließlich nicht alles wissen. Es war eine schöne Zeit, und Sie haben viel gelernt – vor allem haben Sie jegliche Scheu vor Werkzeug aller Art verloren und ein gesundes Vertrauen in die eigenen Fähigkeiten aufgebaut.

Mit 18 sind Sie dann auf ein ebenfalls nicht mehr taufrisches Auto oder Motorrad umgestiegen, vielleicht war es ja sogar schon fast ein Oldtimer oder Youngtimer. Jedenfalls wuchsen mit Leistung, Größe und Komplexität auch Ihre Fähigkeiten und Ihr Werkzeugarsenal. Irgendwann haben Sie den ersten Motor zerlegt und wieder brauchbar zusammengesetzt, und eines Tages fuhr der erste Bekannte mit seinem Wagen vor und fragte, »ob man sich dieses komische Geräusch mal anhören könne«.

Das Große Schrauberdiplom

Schließlich haben Sie dann den ganz großen Schritt gewagt und einen Klassiker mehr oder minder komplett restauriert und damit endgültig das große Schrauberdiplom erworben – Glückwunsch! Wenn Ihnen das alles jetzt ungefähr bekannt vorkommt und sie meist grinsend genickt haben, dann werden Sie hier sicher viel Neues und Interessantes lesen – aber genau dieser Text hier ist im Grunde gar nicht für Sie.

Diese Geschichte ist für all jene Zeitgenossen, denen bislang der Zugang zum Schrauben gefehlt hat und die aus lauter Angst, irgendetwas kaputt zu machen, lieber gar nichts selbst machen. Das wiederum ist überaus schade, denn dadurch entgeht ihnen eine ganze Menge. Wer selber schraubt, erfährt immer wieder das heute für viele Menschen seltene Glück, etwas mit den eigenen Händen zu schaffen, zum Laufen zu bringen oder am Laufen zu halten.

Das Ganze hat, wenn man denn will, sogar philosophische Züge, wie Matthew B. Crawford in seinem Buch »Ich schraube, also bin ich« von 2009 darlegt. Darin wehrt sich der amerikanische Philosoph vehement dagegen, dass die handwerkliche Arbeit in unserer Gesellschaft immer weiter entwertet wurde und geistige Tätigkeiten als das einzig Erstrebenswerte gelten – zumal seiner Ansicht nach die Reparatur eines alten Fahrzeugs oft weitaus mehr Gehirnschmalz erfordert als viele Bürotätigkeiten.

Hinzu kommt das persönliche Erfolgserlebnis, schreibt Crawford, der selbst nach Studium und Arbeit in einem Thinktank alles hingeschmissen und eine Werkstatt für »obskure europäische Motorräder« eröffnet hat: »Wenn ich sehe, wie ein Motorrad einige Tage nachdem es auf einem Pritschenwagen bei mir gelandet ist, wieder aus eigener Kraft aus meiner Werkstatt rollt, schwindet plötzlich die Müdigkeit – und das Bündel Banknoten des glücklichen Besitzers in meiner Tasche fühlt sich ganz anders an als meine früheren Gehaltsschecks.«

Noch weiter ging bereits 1974 sein amerikanischer Kollege Robert M. Pirsig im längst kultisch verehrten »Zen und die Kunst, ein Motorrad zu warten«, in dem Pirsig komplexe philosophische

Probleme mit Arbeiten am Motorrad verknüpft. Eine der Kernaussagen des Buches: »Das wahre Motorrad, an dem du arbeitest, bist du selbst.«

Schön und gut, mögen Sie jetzt sagen, aber Sie hätten nun mal zwei linke Hände – und erst kürzlich beim Versuch, einen Nagel in die Wand zu schlagen, erst einen Daumen und dann eine Leitung getroffen. Macht nichts, kann ich da nur erwidern.

Viele Schrauberkarrieren begannen mit dem Mofa. Das Ding musste unbedingt schneller werden

Intelligenz definiert sich bekanntlich auch aus der Fähigkeit, aus Fehlern zu lernen. Vor dem nächsten Nageleinschlag besorgen Sie sich eben ein Messgerät zur Ortung von Leitungen und setzen anschließend den Nagel erst behutsam an, bevor sie ihn ohne Daumen im Weg in die Wand treiben.

Darum geht es im Grunde beim Schrauben: aus Fehlern zu lernen. Jeder Mechaniker macht Fehler, auch der allerbeste. Jeder hat schon mal eine Schraube abgerissen, die er daraufhin mühsam herausbohren musste. Seither benutzt er an sensiblen Stellen eben einen Drehmomentschlüssel. Und wenn doch mal wieder das Material nachgibt, dann weiß er sich zu helfen.

Hurra, ein Problem

Fragen Sie doch mal in einer Schrauberrunde nach den größten und dümmsten Fehlern der Anwesenden – aber halten Sie genug Kaltgetränke bereit, denn der Abend wird vermutlich lang. Und lustig. Sind dann alle kleinen und großen Katastrophen ausreichend gewürdigt, kommen die dicksten Probleme der jeweiligen Schrauberkarrieren dran, und jetzt wird es wirklich interessant. Jetzt sind selbst nach Mitternacht alle wieder hellwach, und die Augen glänzen.

Denn es sind eben gerade

Viele Menschen erleben heute nur noch selten das Glück, etwas mit den eigenen Händen zu schaffen

die äußerst vertrackten Probleme, die wirklich bösen Brocken, die den in der Wolle gefärbten Schrauber tatsächlich herausfordern und ihm am Ende Freude bereiten. Teile tauschen kann auch jeder moderne Mechatroniker, aber dieser verdammte Triumph-Motor, der nicht sauber hochdreht, obwohl alles neu und überholt und richtig eingestellt ist, der geht dem Schrauber an die Ehre. Und tief in seinem Inneren weiß er, dass er das Ding ans Laufen kriegen wird. Irgendwann. Ganz sicher.

Dazu nochmals Kultautor Robert Pirsig:

»Mut ist der psychische Treibstoff, der alles in Gang hält. Wenn du keinen Mut hast, dann gibt es keine Möglichkeit, dass das Motorrad repariert werden kann. Aber wenn du Mut hast und weißt, wie du ihn behältst, dann gibt es nichts auf der Welt, was das Motorrad davon abhalten kann, repariert zu werden. Es muss passieren.«

Nun müssen Sie ja nicht gleich einen Ferrari-Zwölfzylinder oder gar einen Voisin aus den 20er-Jahren mit Sechszylinder-Schiebermotor (bei dem keine Ventile, sondern Hülsen den Gaswechsel steuern) überholen. Fangen Sie vernünftigerweise klein an, und stecken Sie Ihre Nase in die eine oder andere Schrauberfibel, den passenden Band aus der Reihe »Jetzt helfe ich mir selbst« zu Ihrem Klassiker und natürlich in dieses Buch.

Ein wenig Theorie ist in der Tat unerlässlich. Sie müssen kein Kfz-Technik- oder Maschinenbaustudium absolvieren – aber wer keine Ahnung davon hat, wie ein Vergaser funktioniert und warum dieses Bauteil überhaupt am Motor dranhängt, der wird sich selbst unter Anleitung schwertun, ihn korrekt einzustellen. Wenn Sie zudem technisch erfahrene Freunde mit Fragen löchern können, umso besser. Auch in Clubs gibt es in der Regel reichlich Mitglieder mit schwarzen Fingernägeln, und die meisten freuen sich, ihr Wissen weiterzugeben.

JEDER KANN SCHRAUBEN!

Auch das Schrauben selbst lernt sich mit einem erfahrenen Mentor natürlich besser als allein in der Garage. Manche Dinge muss man schlicht erfühlen, etwa was damit gemeint ist, wenn sich die Fühlerlehre bei korrektem Ventilspiel »saugend« zwischen Kipphebel und Ventilschaft hindurchziehen lassen soll. Oder wie viel Spiel bei einem Lager noch in Ordnung geht. Welche mechanischen Geräusche bei einem bestimmten Motor normal sind.

Kaufen Sie zudem gleich zu Beginn eigenes Werkzeug, niemand leiht seines gerne aus. Kaufen Sie nur das beste, was auf dem Markt ist, und nur von Qualitätsherstellern. So können Sie sicher sein, dass Sie alles nur einmal kaufen und Ihre Urenkel auch noch Freude daran haben werden. Es hat schon seinen Grund, warum erfahrene Mechaniker die verlockenden 128-Teile-Sets für 89 Euro als »Tools for Fools« bezeichnen.

Kaufen Sie auch nicht zu viel, sondern nach einer Grundausstattung nur noch das, was Sie wirklich brauchen. Es wird ohnehin mit der Zeit mehr werden. Richten Sie sich zudem in Ihrer Garage gemütlich ein, mit einer Werkbank samt Schraubstock kommt man schon ziemlich weit, zur Not gibt es aber auch Mietwerkstätten mit Hebebühnen etc. Und dann fangen Sie endlich an!

Nur keine Bange

Beginnen Sie mit etwas Kleinerem, etwa einem Zündkerzenwechsel – am besten, wie gesagt, mit einem Freund, der das schon mal gemacht hat. Beim Einsetzen nicht verkanten, nur gut handfest anziehen, Probelauf: Wenn jetzt der Motor wieder sauber schnurrt, ist das ein unglaubliches Erfolgserlebnis, und das gegenüber der Werkstatt gesparte Geld können Sie gleich vom Kaufpreis Ihres Werkzeugs abziehen.

Nun geht es Schritt für Schritt weiter, und wenn Sie irgendwann in der Lage sind, die wichtigsten Posten einer Inspektion an Ihrem Klassiker selbst zu erledigen, dann können Sie schon mehr als die meisten. Als positiver Nebeneffekt werden Sie künftig auf ungewöhnliche Geräusche oder gar kleine Defekte viel gelassener reagieren, weil Sie es einschätzen und vielleicht sogar reparieren können. Und wenn Sie wirklich schwierige Arbeiten in eine Fachwerkstatt geben, dann wissen Sie, warum die Profis dort ihr Geld wert sind. ■

Irgendwann wagen Sie es und dann restaurieren Sie ein komplettes Auto. Das ist dann das ganz Große Schrauberdiplom

Was gutes Werkzeug ausmacht

Viele hoffnungsvolle Schrauberkarrieren endeten fatalerweise abrupt, noch ehe sie richtig begonnen hatten. Schuld daran war nicht selten minderwertiges Werkzeug. Damit es Ihnen nicht ebenso geht, erklären wir, wie Sie hochwertiges Werkzeug erkennen und was alles zu einer Grundausstattung gehört.

Text Kai Klauder · **Fotos** Jonathan Schule, Uli Jooß, Getty Images, Archiv

WAS GUTES WERKZEUG AUSMACHT

Hochwertige Schraubenschlüssel ...

Materialstärke und Belastungszonen
Hochwertiger Werkzeugstahl ermöglicht ein schmaleres Profil, sodass die Schraubenschlüssel auch an engen Stellen genutzt werden können. Bei gutem Werkzeug sind die stark belasteten Zonen verstärkt

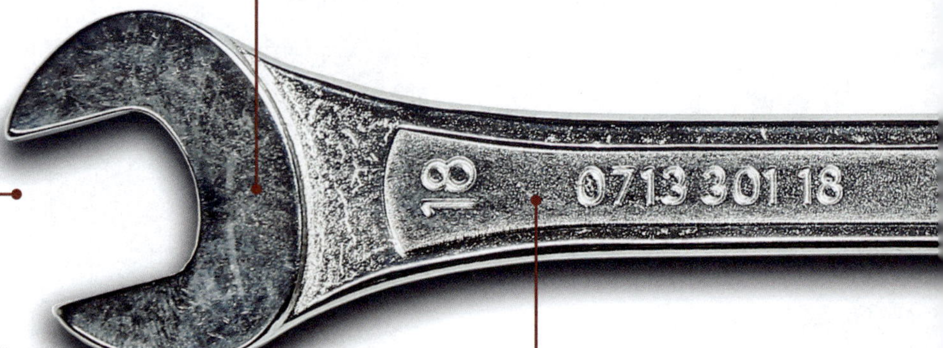

Geringe Toleranzen
Die zulässigen Toleranzen bei Maulweiten sind in einer DIN-Norm vorgeschrieben (bei 17ern: 17,05 bis 17,3 mm), manche Hersteller verringern von sich aus die Toleranzwerte, Stahlwille etwa bei 17ern auf maximal 17,2 mm

Finish
Bei der Oberflächenbeschaffenheit geht's um Langlebigkeit und Qualität. Bei guten Schlüsseln sind die Kanten gerollt und nicht geschliffen. Bei billigen reißt oft schon bei geringer Belastung die Chromschicht

Reden wir mal Tacheles: Fast jeder Schrauber war schon mindestens einmal der Verzweiflung nahe oder fluchte lauthals über den verflixten Bolzen, der nicht im Entferntesten daran dachte, sich auch nur den kleinsten Mikrometer zu bewegen. Fragen Sie mal einen erfahrenen Kfz-Meister. Es ist erstaunlich, was Profis und auch Hobbypraktiker schon so alles erlebt haben: Schraubenschlüssel kapitulierten vor der schieren Kraft. Nicht von ungefähr kommt der Spruch: »Unglaublich ist des Schraubers Kraft, wenn er mit dem Hebel schafft«. Schraubenköpfe werden rund genudelt, Kreuzschlitze zu kegelförmigen Vertiefungen verdreht, Ratschen verlieren ihren knackigen Biss durch Zahnausfall – und sorgen dann schlagartig für blutig geschlagene Fingerknöchel.

All dies lässt sich verhindern, wenn man erstens auf die Qualität des Werkzeugs achtet, zweitens es nur dafür einsetzt, wofür es erdacht wurde, und drittens sein Werkzeug pflegt. Denn auch kalter Stahl benötigt ab und zu liebevolle Zuwendung.

Auch Knarren brauchen Pflege

Andreas Kolfhaus, Leiter des Stahlwille-Schulungszentrums, bringt es auf den Punkt:

»Auch Knarren brauchen Pflege.« Nachvollziehbar wird diese Aussage, wenn die Einzelteile

... sind geschmiedet und gehärtet. Es gibt sie in unterschiedlichsten Formen. Je ein Satz Doppel-Maul- und -Ringschlüssel sowie gekröpfte Ringschlüssel und kombinierte Ring-Maul-Schlüssel gehört in eine Schrauberwerkstatt.

Griffform
Günstige Schraubenschlüssel haben oft eine einfache flache Form, sind zudem mangelhaft verchromt. Die Hersteller verfolgen unterschiedliche Philosophien bei der Form und dem Finish – der Geschmack entscheidet

Abwinkelung und Kröpfung
Bei kombinierten Ring-Maul-Schlüsseln ist die Ringschlüsselseite meist um 15 Grad abgewinkelt, oft zusätzlich gekröpft. Dies gibt den Fingern Platz, erleichtert so das Schrauben und vermeidet abgeschürfte Knöchel

Biegefestigkeit
Hochwertigere Schraubenschlüssel kommen mit einem speziellen (Doppel-T-)Profil, das zum einen das Gewicht reduziert und gleichzeitig die Biegefestigkeit erhöht – und einen sichereren Griff bietet

Ringform
Verschiedene Hersteller haben auch ein Doppelsechskantprofil entwickelt, welches nicht an den Kanten, sondern den Flanken die Kraft überträgt. Bei Würth (im Bild) heißt es Powerdriv®, bei Stahlwille AS-Drive®

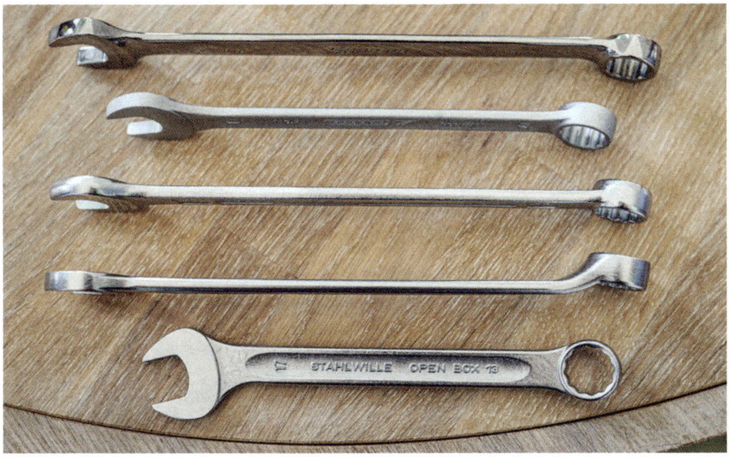

Die Profilansicht der Ring-Maul-Schlüssel offenbart ***Unterschiede in Kröpfung und Materialstärke*** *– beides relevant für Schrauber*

Stahlwille – Eduard Willes Anspruch

Stahlwille gehört zu den Traditionsunternehmen des Bergischen Landes: Seit mehr als 150 Jahren fertigen die Werkzeugexperten mit über 600 Mitarbeitern an drei Standorten in Deutschland. Das Stammwerk befindet sich in Wuppertal an historischer Stelle.

Im ehemaligen Kontor, das zu einem modernen Schulungszentrum weiterentwickelt wurde, können Einzelpersonen sowie Gruppen Schulungen buchen, um in die Geheimnisse der Präzision und Feinmechanik einzutauchen – und in die spannende Geschichte der Firma.

Das Stahlwille-Portfolio umfasst neben Schraubenschlüsseln, Drehmomentwerkzeugen und -Prüfgeräten, Steckschlüsseln und Ratschen, Schraubendrehern, Zangen, Feilen und Kfz-Spezialwerkzeugen auch Werkstatteinrichtung und Werkzeugwagen.

Stahlwille, 42349 Wuppertal, **www.stahlwille.de**

*Die geschmiedeten und gehärteten Schlüssel durchlaufen ein **Galvanisierungsbad***

Die Schrauben-schlüssel werden im ***Durchlaufofen*** *gehärtet und im* ***Ölbad*** *abgeschreckt*

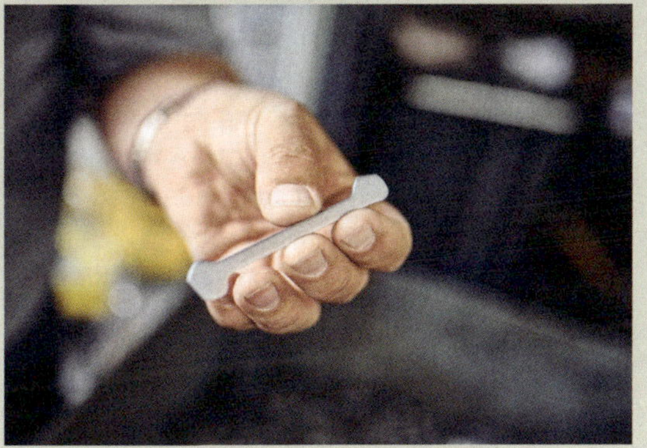

So sieht ein Elektronikerschlüssel-Rohling aus, bevor er im ***Gesenk*** *geprägt wird*

Im ***Galvanisierungsbad*** *bekommen die Schlüssel ihre widerstandsfähige Oberfläche*

Hier werden die Schraubenschlüssel nachbearbeitet und die letzten Grate entfernt

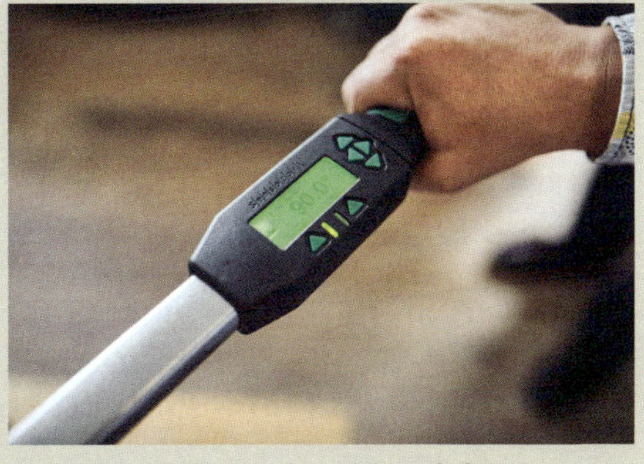

Traum für Hobbyschrauber: ***elektronischer Drehmomentschlüssel*** *Sensotork 713R*

einer Stahlwille-Halbzollratsche sowie die von Mitbewerbern auf dem Tisch liegen.

Die Komponenten von 512QR N – übersetzt Stahlwille Quick-Release-Feinzahnknarre – erinnert eher an ein Uhrwerk denn an Werkzeug. Feine Verzahnung, enge Passung, hochwertige Oberflächen – hier kann man die Qualität sehen. Spüren kann man sie, wenn die Feinverzahnung beim Schrauben alle 4,5 Grad leise »klick« macht, ohne Spiel im Antrieb und mit spürbarer Rückmeldung.

Bei einer 360-Grad-Drehung entspricht das 80 Zähnen – die vor allem dann von Vorteil sind, wenn es beim Schrauben eng zugeht. Andere Hersteller bieten Ratschen sogar mit einer noch feineren Verzahnung von 90 Zähnen an. Standardratschen haben 72 Zähne (5 Grad) oder weniger. Was sich nach nicht viel Unterschied anhört, kann bei Arbeiten im Motorraum zu lautem Schimpfen führen, wenn man die gerade mühevoll eingefädelte Ratsche umsetzen muss. Die Feinverzahnung gehört zu den Qualitätsmerkmalen einer Ratsche – und sollte mindestens jährlich einem Check unterzogen werden. Dabei reicht es, ab und zu den Deckel über dem Zahnradantrieb abzunehmen und etwas Fett oder Öl aufzutragen – je nach Hersteller. Die Ratsche wird es danken und kann an die übernächste Generation weitervererbt werden. Stahlwille liefert alle Einzelteile der Ratsche, falls sie mal über Gebühr belastet wurde. Mehr zu Ratschen-Qualitätsmerkmalen auf der nächsten Seite.

Wer billig kauft, kauft zweimal

Qualität. Ein inflationär dahingesagter Begriff, zu dem wir beim Thema Werkzeug allerdings weiter ausholen müssen. Was bedeutet hier konkret Qualität? Langlebigkeit? Maßhaltigkeit? Passgenauigkeit? Geringe Fertigungstoleranzen? Zähigkeit? Standfestigkeit? Ergonomie? Ja, das alles sind Faktoren, die bei Qualitätswerkzeug zutreffen und um die es hier gehen soll. Denn es gibt zwar durchaus passable Werkzeugsätze schon für unter 100 Euro im Neuzustand, doch glücklich ist man damit nicht lange. Wenigschraubern wird vielleicht erst nach ein paar Jahren auffallen, dass der vermeintlich günstige Kauf sich nicht gelohnt hat. Vielschraubern meist schon nach ein paar Wochen – oder auch direkt beim ersten Einsatz.

Beginnen wir mal mit grundsätzlichen Überlegungen: Wer sorgt für Sicherheit, definiert die Standards und Normen von Werkzeugen? Antwort: Das Deutsche Institut für Normung (DIN), das Europäische Komitee für Normung (CEN) und die International Organization for Standardization (ISO). Sie definieren unter anderem die zulässigen Fertigungstoleranzen, Maximalabweichungen sowie die vorgeschriebene Bruchfestigkeit.

ISO 272 »Mechanische Verbindungselemente; Sechskantprodukte; Schlüsselweiten« etwa beschreibt die maximalen Spielpassungen. Zum Nenndurchmesser eines 17er-Sechskant-Schraubenkopfs wird eine Schlüsselweite von 17,05 bis maximal 17,3 Millimetern angegeben. Es gibt Werkzeughersteller, die ihre Latte etwas höher legen und bis maximal 17,2 Millimeter fertigen. Sobald dieser Wert überschritten wird, kommt eine neue Räumnadel zum Einsatz. Andere Hersteller produzieren hingegen mit der alten noch einige Tausend oder Zehntausend weitere Schlüssel, nähern sich der Maximalabweichung, den 17,3 Millimetern – und überschreiten sie auch manchmal.

Schmieden und Härten

Wo wir schon beim Schmieden sind: Nicht alle Hersteller schmieden ihre Werkzeuge mit dem gleichen Aufwand im Gesenk. Die billigsten Schraubenschlüssel sind nur ge-stanzt und dann dick verchromt. Solche Ware findet man gelegentlich beim Discounter oder in Ein-Euro-Shops für unter zehn Euro für einen ganzen Satz. Zur Deko mögen die noch taugen, doch verlassen sollte man sich beim Schrauben nicht darauf. Es kann sogar gefährlich werden, wenn der Schlüssel unter Last auf einmal bricht. Die Zusammensetzung der Stähle ist je nach Werkzeug und Einsatzzweck verschieden.

Es gilt, die perfekte Rezeptur zu finden, um ein ideales Zusammenspiel aus Härte und Flexibilität zu erreichen – bei möglichst geringen Wandstär-

Eine gute Ratsche reicht nicht ...

... denn man benötigt schon vom Start weg zwei Ratschensätze: Viertelzoll für filigranere Arbeiten wie den Luftfilterwechsel und Halbzoll für kraftaufwendigere Arbeiten, bei denen Schlüssel nicht eingesetzt werden können.

Arretierung
Knopf-, Drehentriegelung oder die althergebrachte Durchsteckratsche – jede Variante hat ihre Vor- und Nachteile. Stichworte: unbeabsichtigtes Auslösen und feststeckende Nuss

Zahnung
Je nach Ausführung und Qualität besitzt eine Ratsche mehr oder weniger Zähne. Dies ist wichtig beim Schrauben an engen Stellen. Je mehr Zähne, desto weniger Ab- und Umsetzen nötig

Umschalter
Geschmackssache ist die Art des Laufrichtungs-Umschalters: Es gibt Hebel- (im Bild) und Drehumschalter. Wer mit dem Handballen Druck auf die Ratsche ausübt, kommt mit dem Hebel besser zurecht

Griffform und -material
Beim Griff scheiden sich die Geister – und auch Vorlieben. Manche mögen schlanke Formen, manche eher dicke. Hier kommt es auch auf die Größe der Hand an. Am besten ausprobieren

Schaftlänge
Je kürzer der Schaft, desto mehr Einsatzmöglichkeiten, da weniger Platzbedarf. Je länger der Schaft, desto mehr Kraft kann ausgeübt werden. Der Profi besitzt Viertel-, Dreiachtel- und Halbzoll-Sätze

Halt mal! Zangen als treue Helfer

So vielfältig der Einsatzzweck, so groß ist auch der Variantenreichtum bei Zangen – allein Knipex bietet gut 1900 verschiedene Zangen-Ausführungen an. Anhand einer Wasserpumpenzange zeigen wir, worauf es ankommt.

Kopf- und Backenform
Ob Seitenschneider, Gripzange, Crimp- oder die klassische Kombizange – die meisten Zangen sind für eine bestimmte Anwendung ausgelegt und sollten auch nur für diese genutzt werden, sonst drohen Schäden

Verstellbereich
Bei der Cobra-Zange, einem Bestseller von Knipex, wird die Öffnungsweite mittels Druckknopf eingestellt. Die Maulweite lässt sich auch ohne Gefummel per Feinverstellung direkt am Werkstück justieren

Material und Finish
Bei Zangen zeigt sich die Qualität schnell: Backen parallel? Gelenk spielfrei? Riffelung dauerhaft? Griffe stabil? Die Cobra-Zähne bestehen aus Stahl und sind auf 61 HRC gehärtet, die Oberfläche ist grau atramentiert

Griffform und -größe
Wegen der unterschiedlichen Ausführungen, Griffmaterialien und Größen (Knipex Cobra: von 125 bis 560 mm Länge) empfehlen wir den Kauf im Fachhandel oder auf Messen, denn nur so lässt sich die optimale Zange finden

ken. Denn je schmaler eine Nuss, desto größer der Einsatzbereich; je geringer die Materialstärke beim Schraubenschlüssel, desto weniger Fluchen, weil er nicht durch den schmalen Spalt passt. Um bei geringer Wandstärke ein möglichst stabiles und biegefestes Werkzeug zu erhalten, wird der Stahl nach dem Schmieden im Ölbad gehärtet.

Von Kraft und Einsatzzweck

Welch hohen Anspruch Hersteller von Qualitätswerkzeug haben, lässt sich auch an ihrem Prüfverhalten erkennen. Stahlwille prüft seine Ratschen deutlich über den vorgegebenen Wert hinaus – vorgeschrieben sind 512 Nm nach DIN. Im Fall der Halbzollknarre hält diese mehr als das 1,3-fache des vorgeschriebenen Drehmoments aus. Der Mindestwert bei Viertelzollratschen beträgt 62 Nm, bei Dreiachtelzoll 202 Nm. Angesichts solcher Werte erklärt sich auch, dass die Größe des eingesetzten Werkzeugs eine Rolle spielt. Filigrane Verschraubungen wie bei den Motorgehäusedeckeln eines Motorrads oder bei Ventildeckeln mit M5-Schrauben verlangen nach einer kleinen Viertelzoll-Gefühl hat als mit einer Halbzollratsche, die dafür bei Fahrwerkskomponenten zum Einsatz kommt, wo sich das Schrauben mit kleineren Ratschen verbietet, weil sie sonst vor der Kraft kapitulieren würden. Beim Schmieden und Härten als Qualitätsmerkmal gibt es natürlich auch Ausnahmen: Elektroniker-Schraubenschlüssel zum Beispiel müssen nicht geschmiedet werden, da sie nur für Schaltschränke eingesetzt werden. Hier werden keine großen Kräfte übertragen.

Die 7 Todsünden im Umgang mit Werkzeug

- Verwendungszweck: Ratsche als Hammer, Schraubendreher als Schaber? Werkzeug dafür nutzen, wofür es gefertigt wurde.
- Zu viel Kraft – oder Nach fest kommt ab: Je kleiner die Schraube, je feiner das Gewinde, desto schneller reißt eine Schraube ab.
- Werfen und Schmeißen: Der beste Werkzeugstahl kann durch punktuelle Belastung einen Knacks bekommen.
- Kontakt mit Wasser und aggressiven Flüssigkeiten: Nach Gebrauch reinigen und regelmäßig einölen.
- Falsche Größe 1: Viertelzoll-Ratsche für festgerostete M10-Schraube? Dafür ist die filigrane Mechanik nicht ausgelegt.
- Falsche Größe 2: Immer den größtmöglichen Kreuzschlitzschraubendreher wählen, sonst nudelt es.
- Verleihnix: Immer dann, wenn man ein bestimmtes Werkzeug braucht, ist es verliehen.

Nach fest kommt ab

Wenn es um Kräfte geht, sind wir auch schon mittendrin im Thema Drehmomentschlüssel. Denn wie fast jeder Schrauber schon einmal erleben musste, hält ein Gewinde nicht immer das aus, was man ihm zumutet – wenn es das der Ölablassschraube, des Krümmerbolzens oder der Zylinderkopfschraube ist, kann das richtig ärgerlich werden. »Nach fest kommt ab« – damit es nicht zum Abreißen kommt, dafür sorgt ein Drehmomentschlüssel. Besser: er sollte dafür sorgen, denn dies ist seine ureigene Aufgabe. Nur das Drehmoment zuzulassen, das voreingestellt wurde.

Jetzt gibt es allerdings Faktoren, die der Erfüllung dieser Aufgabe entgegenwirken: Die Qualität des Werkzeugs, der Anwender des Werkzeugs und der Zustand von Schraube, Bolzen, Mutter, Gewinde und angesetzter Nuss. Jede Verschmutzung, aber auch Schmiermittel wie Fett, Wachs oder Öl verändert den Reibungskoeffizienten – und damit die Montage-Vorspannkraft, welche vom Hersteller für die jeweilige Verschraubung vorgeschrieben ist.

Stahlwille-Ausbildungsleiter Andreas Kolfhaus empfiehlt daher, bei Radschrauben oder -muttern die Vorgaben des Herstellers zu befolgen und nur nach diesen Angaben Keramikpaste aufzutragen. Gewinde reinigen, Radschraube ansetzen, und dann kommt es auf das richtige Anziehen an, das gleichmäßig erfolgen muss. Denn beim konzentriert durchgeführten Winkelzug sollten die

Checkliste: Gutes Werkzeug erkennen

- ☐ **Kombizange**
  Gute Kombizangen erkennt man am Maul, ergonomisch geformten Griffen und geschmeidig laufendem Gelenk. Die Schneide schließt sauber, kein Spiel im Gelenk, Verzahnung sauber gearbeitet.
- ☐ **Seitenschneider**
  Schließen die Schneiden präzise? Gerade beim Seitenschneider kommt es auf Präzision und gutes Material an. Am besten an einem Draht oder Nagel aus Stahl ausprobieren. Bleiben in der Schneide Spuren zurück, ist das Material minderwertig.
- ☐ **Wasserpumpenzange**
  Eine gute WaPu besitzt einen verlässlichen Verstellmechanismus: Einmal eingestellt verstellt er sich auch unter Last nicht. Selbstklemmende Zangen erleichtern die Arbeit und schonen die Nerven.
- ☐ **Federbandschellenzange**
  Einstellbar auf verschiedene Schellengrößen und Übersetzungsverhältnisse, Greifeinsätze verdreh- und austauschbar.
- ☐ **Crimpzange**
  Gute Fabrikate haben ein großes Übersetzungsverhältnis für hohen Anpressdruck, ihre Backen besitzen eine Zwangssperre. Zangenschlüssel/Schlüsselzange Universalhelfer, moderne Form des Engländers/Franzosen. Greift spielfrei die Schraubenköpfe. Auf parallele Backen und eine Feinverzahnung und gute Arretierung für die Verstellung achten.
- ☐ **Schraubendreher**
  Gehärtete Klingen/Kreuzschlitzspitzen sind ein Muss. Griffform und -material nach Gusto. Durchgehende Klingen mit Schlagkappe für ausgefressene Schraubenköpfe. Hebelloch oder Sechskant für mehr Kraft. Mindestens je zwei Größen Längs- und Kreuzschlitz.
- ☐ **Hammer**
  Wichtig: verlässliche Kopfklemmung mit Keilhülse. Wenn er wackelt, muss er wieder befestigt werden. Der Griff besteht meist aus Hickory- oder Eschenholz – hier auf eine feine Maserung achten. Astlöcher dürfen nicht vorkommen. Rückschlagsfreie Fiberglas- oder Kunststoffstiele empfehlen sich für schwere Löseaufgaben. Der Hammerkopf sollte an der Bahn angefast und gratfrei sein, die Pinne rund und ebenfalls gratfrei angefast.
- ☐ **Inbus-/Innensechskantschlüssel**
  Im Vergleich zu Kreuzschlitzschrauben kann ein Inbusschlüssel rund das zehnfache Drehmoment übertragen. Hier unbedingt auf eine geringe Toleranz achten. Kugelförmige Köpfe lassen großzügige Arbeitswinkel zu.
- ☐ **Feile/Raspel**
  Ein Satz mit Flach-, Vierkant-, Rund-, Halbrund- und Dreiecksfeile ist Pflicht. Bei Feilen und Raspeln sind die wichtigsten Variablen Hieb, Hiebzahl, Hiebnummer und Winkel. Gehauene Feilen mit negativem Spanwinkel für (Hart-)Metall, gefräste mit positivem Spanwinkel für Weich-/Leichtmetall.
- ☐ **Schieblehre/Messschieber**
  Auf gute Ablesbarkeit von Skala und Nonius sowie stabilen Tiefenmesser achten.
- ☐ **Werkzeugwagen**
  Wichtig: hohes Gewicht, sanft laufende Schubladen und Rollen, stabile Auflage.

letzten 20 Prozent des Anzugdrehmoments innerhalb von vier Sekunden angezogen werden – und zwar gleichmäßig. Als wir bei den Testgeräten versuchen, auf den Newtonmeter genau anzuziehen, merken wir, dass das fast unmöglich ist. Selbst mit den besten mechanischen Drehmomentschlüsseln, die bei Stahlwille bis auf ein Modell übrigens ohne Federn arbeiten, ist ein Nm-genaues Anziehen kaum möglich. »Da gibt es immer eine gewisse Toleranz«, bestätigt Andreas Kolfhaus, »den exakt vorgeschriebenen Wert schafft mit rein mechanischen Drehmomentschlüsseln niemand – selbst mit jahrelanger Erfahrung.«

Eine Lösung für dieses Problem sind elektronische Versionen, die das Drehmoment und das Erreichen des voreingestell-ten Werts akustisch und visuell anzeigen – und zusätzlich auslösen, wie ihre mechanischen Pendants. Allerdings liegen solche hochpräzisen Werkzeuge in Preisbereichen, die für die meisten Privatanwender nicht zur Diskussion stehen. Bei Drehmomentschlüsseln auf ein Prüfprotokoll achten – und die Möglichkeit der Nachjustage im Werk.

Sparen mit alten Namen

Kommen wir nun zu den Preisen für gutes Werkzeug. Eine Grundausstattung liegt in guter Einsteigerqualität bei rund 850 Euro, wer gleich in beste Qualität investieren möchte, muss mit rund 2500 Euro rechnen. Doch kaum jemand wird sich auf einen Schlag einen Grundstock an Werkzeug anschaffen, denn schließlich kommen ja noch Ausgaben für sonstige Werkstattausrüstung hinzu.

Es gilt also, beim Kauf Geld zu sparen, das direkt wieder in weitere Komponenten gesteckt werden kann. Eine sehr gute Möglichkeit ist, gebrauchtes Werkzeug zu kaufen. Es mögen sich in den letzten 200 Jahren die ein oder andere Maulform, Sechs- oder Zwölfkantprofile sowie Zangenverriegelung und -einstellungsmechanismen verbessert haben, doch auch mit altem Werkzeug in guter Qualität lässt sich hervorragend schrauben. Auf Floh- und Trödelmärkten sowie entsprechenden Internetportalen lassen sich einzelne Werkzeuge oder zum Teil auch ganze Sets finden, die für den Anfang genügen. Ergänzen lässt sich dieser Grundstock dann nach und nach.

Dabei kann es sich lohnen, nach Werkzeug von Herstellern Ausschau zu halten, die es nicht mehr gibt, die umbenannt wurden oder ihre Ware auch unter anderen Markennamen anbieten. Ein Beispiel ist Dowidat – Gedore ist das Silbenwort für Gebrüder Dowidat Remscheid. Willi Dowidat trennte sich von seinen Brüdern Otto und Karl und gründete die Dowidat-Werke, die später zu Belzer Dowidat, Bahco, Sandvik und schließlich Snap-on übergingen. Belzer wiederum war bekannt für besonders hochwertiges Werkzeug, das gebraucht immer noch eine gute Wahl ist.

Weitere Beispiele für verschwundene Markennamen sind Carolus (jetzt Gedore Red), Elora, ISI, Rheidco, Saltus, St. Egydyer oder auch Smalcalda – Werkzeug aus dem ehemaligen VEB Werkzeugkombinat Schmalkalden. Augen offen halten also. Eine gute Gelegenheit sind Oldtimermärkte wie die Veterama, der Bockhorner Oldtimermarkt oder die Technorama. Auf diesen Metallwarenmärkten lässt sich an nur einem Wochenende eine komplette Werkstatt samt Werkzeug ausstatten. Auch der Blick in die lokalen Anzeigenblätter kann sich lohnen, etwa wenn komplette Werkstätten oder ganze Haushalte aufgelöst werden.

Augen auf beim Werkzeugkauf

Was man bei solchem Werkzeug allerdings nicht nachvollziehen kann, ist dessen Historie. Wer beim Werkzeugkauf auf Nummer sicher gehen möchte, findet beim Fachhändler um die Ecke oder auf einer Oldtimermesse persönliche Beratung, kann das Werkzeug in den Händen halten – und eine Beziehung aufbauen, die oft ein Leben lang anhält.

Werkzeug unter Strom

Bisher haben wir uns nur mit Werkzeug beschäftigt, das rein manuell mit der Kraft des Schraubers bedient wird. Auf elektrische Helfer lassen sich die grundsätzlichen Anforderungen an gutes Werkzeug allerdings übertragen. Auch hier gilt, dass sich Qualität auszahlt – auch nachhaltig. So sollten die Kohlen der Elektromotoren austauschbar und verfügbar sein, die Bohrfutter oder Antriebswellen kein Spiel haben – hier geht es neben der Präzision auch um Sicherheit.

Qualitätshersteller bieten auch nach Jahrzehnten Ersatzteile für ihre Maschinen an. Zum Grundstock gehören ein 125-mm-Winkelschleifer, eine Bohrmaschine, ein Akkuschrauber, ein Heißluftföhn sowie ein Multifunktions-Oszillierer.

Nebenstehende Hersteller und Marken sind als Einstiegsanregung zu verstehen. Wer sich länger mit Werkzeug beschäftigt, kommt so schnell nicht mehr los davon und wird viel Spaß haben – versprochen. ■

Der ehemalige Produktionsleiter Bernd Noll kennt fast alle Mitarbeiter mit Vornamen und alle Zangen mit Produktionsnummer

Knipex – alles im Griff seit 1882

Knipex befindet sich seit 1882 am selben Standort in Wuppertal-Cronenberg – und wird in vierter Generation der Gründerfamilie Putsch geführt. Bis zu 70 000 Zangen entstehen pro Tag, 700 Tonnen Stahl in neun verschiedenen Legierungen werden pro Monat verarbeitet. Die Fertigungstiefe liegt bei 95 bis 98 Prozent, sogar die meisten Produktionswerkzeuge werden selbst hergestellt. 13 Schmiedehämmer sind hier im Einsatz. Neben der Tradition ist Knipex auch Nachhaltigkeit wichtig: Nutzung von Sonnenenergie, modernste Filteranlagen und Wärmerückgewinnung sind bereits realisiert – und die Ansiedlung von Bienenvölkern, die von acht Imkern umsorgt werden. Im Hochregallager warten ständig rund zwei Millionen Zangen auf ihre Verschickung – aus dem eigenen Versand.

Knipex, 42339 Wuppertal,
www.knipex.de

*Präzisionsarbeit im Akkord: Seitenschneider bekommen **den letzten Schliff** per Hand*

*Knipex-Zangen durchlaufen bis zu **70 Arbeitsschritte** bis zur Qualitätskontrolle*

Per Induktion wird der Stahl in drei Sekunden auf 1200 Grad gebracht – und dann geschmiedet

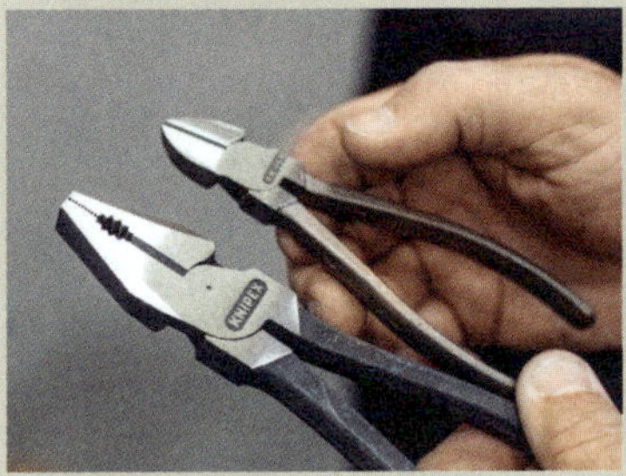

*800 Zangen-Grundmodelle in rund **1900 Varianten** umfasst der Katalog von Knipex*

*Alle 30 Minuten wird ein Rohling zersägt und einer **Qualitätskontrolle** unterzogen*

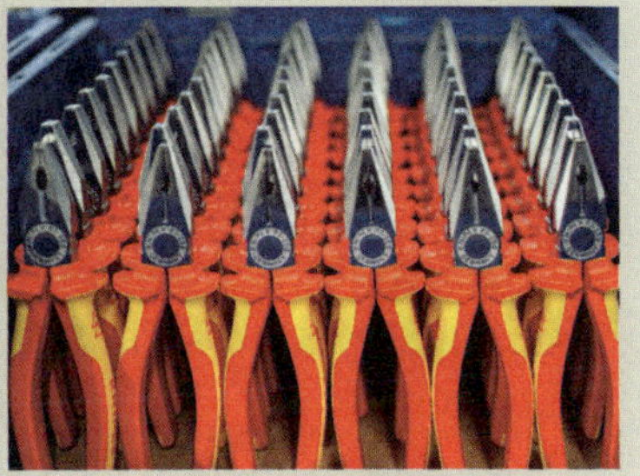

*Starkstromtauglich: Die getauchten Zangen, Ausführung 7, sind bis **1000 Volt VDE-geprüft***

Adressen

Bessey, 74321 Bietigheim-Bissingen, **www.bessey.com**
Bosch, 70771 Leinfelden-Echterdingen, **www.bosch-professional.com**
Brennenstuhl, 72074 Tübingen, **www.brennenstuhl.com**
Eibenstock, 08309 Eibenstock, **www.eibenstock.com**
Facom, 65510 Idstein, **www.facom.de**
Fein, 73529 Schwäbisch Gmünd, **www.fein.com**
Festool, 73240 Wendlingen am Neckar, **www.festool.de**
Flex, 71711 Steinheim, **www.flex-tools.com**
Gedore, 42899 Remscheid, **www.gedore.com**
Hazet, 42804 Remscheid, **www.hazet.de**
Hilti, 86916 Kaufering, **www.hilti.de**
Knipex, 42349 Wuppertal, **www.knipex.de**
Kukko, 40721 Hilden, **www.kukko.com**
Mafell, 78727 Oberndorf/Neckar, **www.mafell.de**
Makita, 40885 Ratingen, **www. makita.de**
Rennsteig, 98587 Steinbach-Hallenberg, **www.rennsteig.com**
Ruko, 71088 Holzgerlingen, **www.ruko.de**
Pferd, 51709 Marienheide, **www.pferd.com**
Proxxon, L-6868 Wecker, **www.proxxon.com**
Stahlwille, 42349 Wuppertal, **www.stahlwille.de**
Wera, 42349 Wuppertal, **www.wera.de**
Wiha, 78136 Schonach, **www.wiha.com**
Wolfcraft, 56746 Kempenich, **www.wolfcraft.de**
Würth, 74653 Künzelsau-Gaisbach, **www.wuerth.de**

So viel kostet eine umfangreiche Grundausstattung

Schon mit einem Grundstock für rund 200 Euro lassen sich die meisten Arbeiten erledigen. Wer allerdings von Anfang an Wert auf gutes und umfangreiches Schrauberwerkzeug legt, sollte mit 1000 Euro kalkulieren – und das rechnet sich bald.

	Werkzeug	**Einsteiger/Profis**
1	Werkzeugschütten	10/20 Euro
2	Messschieber und Tiefenlineal	15/40 Euro
3	Ratschenkasten Viertel- und Halbzoll	80/250 Euro
4	Ratschenkasten Dreiachtelzoll	60/150 Euro
5	Gewindebohrer und -schneideisen (Set)	40/100 Euro
6	Inbus-Steckschlüssel-Einsätze (Set)	25/60 Euro
7	Gewindereparatursatz (M6, M8, M10)	40/100 Euro
8	Crimpzange inkl. Verbinder/Hülsen	25/80 Euro
9	Dichtungsschaber (Set)	20/50 Euro
10	Drahtbürste	2/10 Euro
11	Drehmomentschlüssel 6–30 u. 40–200 Nm	40/100 u. 60/120 Euro
12	Halbzoll-Verlängerung	20/40 Euro
13	Lötkolben	10/30 Euro
14	Multimeter	25/80 Euro
15	Prüflampe und Stirnlampe	7/10 Euro und 10/30 Euro
16	Schonhammer 60 mm	10/30 Euro
17	Schlosserhammer und Fäustel	5/15 Euro und 10/25 Euro
18	Halbrundfeile und Flachfeile	je 5/15 Euro
19	Spezialnüsse (z. B. Langnuss, Torx)	je 8/15 Euro
20	Haushaltsschere	5/15 Euro
21	Universalschneider	10/20 Euro
22	Satz Ring-Maul-Schlüssel	50/120 Euro
23	Satz gekröpfte Ringschlüssel	40/100 Euro
24	Satz Ratschenschlüssel	60/150 Euro
25	Rollgabelschlüssel (»Engländer«)	15/40 Euro
26	Multi-Öl und Bremsenreiniger	7 und 3 Euro
27	Zangen-Set (WaPu, Zangenschlüssel, Kombizange)	25/60 Euro
28	Frostschutzprüfer	5/20 Euro
29	Abzieher	ab 15/ab 50 Euro
30	Bremskolbenrücksteller	15/40 Euro
31	Bügelsäge	10/25 Euro
32	Maßband	5/10 Euro
33	Meißel	10/20 Euro
34	Splinttreiber	10/40 Euro
35	Fühlerlehre	5/10 Euro
36	Abisolierzange	10/25 Euro
37	Gripzange und Seitenschneider	6/20 Euro und 10/20 Euro
38	T-Griff-Schrauber (Satz)	25/60 Euro
39	Muttersprenger	20/40 Euro
40	Satz Schraubendreher	20/50 Euro
41	Inbusschlüssel	15/40 Euro
42	Teleskopgreifer und -spiegel	10/20 Euro
	Summe ca.	**850/2500 Euro**

Damit geht es leichter

Für den Ausbau eines Motors oder zum Bewegen schwerer Bauteile eignet sich ein fahrbarer ***Motorkran****. Produkte in guter Qualität sind allerdings nicht ganz billig*

Das Schrauben am Klassiker macht noch mehr Spaß, wenn man dabei pfiffige Hilfsmittel und Werkzeuge einsetzt. Einige dieser genialen Helfer stellen wir Ihnen hier vor.

Text Bernd Woytal · **Fotos** Archiv

DAMIT GEHT ES LEICHTER

Es ist einfach ärgerlich, wenn der gerade vorhandene Schrauber-Eifer gebremst wird, weil das passende Werkzeug fehlt.

Oft wird dann versucht zu improvisieren, was in den meisten Fällen bedeutet, dass ein Werkzeug missbraucht wird, indem zum Beispiel ein Schraubenschlüssel im Schraubstock gebogen wird, um eine bestimmte Schraube besser erreichen zu können.

Die Werkzeughersteller sehen solche Sachen überhaupt nicht gerne und raten von diesen Aktionen ab. Oft können gefährliche Situationen daraus entstehen. Schon allein das Aufstecken eines Rohres auf die Knarre, um einen größeren Hebelarm zu erzielen und damit mehr Kraft aufwenden zu können, hat seine Tücken. Billige Knarrenmechanismen könnten der Gewalt nicht gewachsen sein, der Schrauber wird vom schlagartig fehlenden Widerstand überrascht und verletzt sich womöglich.

Es spricht aber nichts dagegen, mit Bedacht bestimmte Gegenstände einzusetzen, etwa einen Draht als Hilfsmittel zum Einziehen von Seilzügen oder Elektrokabeln. Mit einem flachen Holz- oder Kunststoffkeil lassen sich Bauteile vorübergehend auf Distanz halten, oder man kann ihn zum vorsichtigen Demontieren von Türverkleidungen nutzen, die mit Plastikclips festgemacht sind. Beim Zuschweißen von Antennenlöchern nutzt mancher einen Kupferklotz, der auf der Rückseite des Blechs dagegengehalten wird. Man kann dann das Loch zulaufen lassen, und der Klotz führt gleichzeitig Wärme ab.

Viele kleine Helfer

Aber auch die Werkzeugindustrie bietet zahlreiche sinnvolle Helferlein an, wie etwa einen magnetischen Sucher, einen Krallengreifer oder einen Teleskopspiegel (siehe dazu Fotos auf der nächsten Seite). Eine starke Handlampe mit

*Ideal für Hobbyschrauber mit wenig Platz in der Garage ist die **fahrbare Werkbank,** wie zum Beispiel jene aus dem Garant-Programm der Hoffmann Group in München*

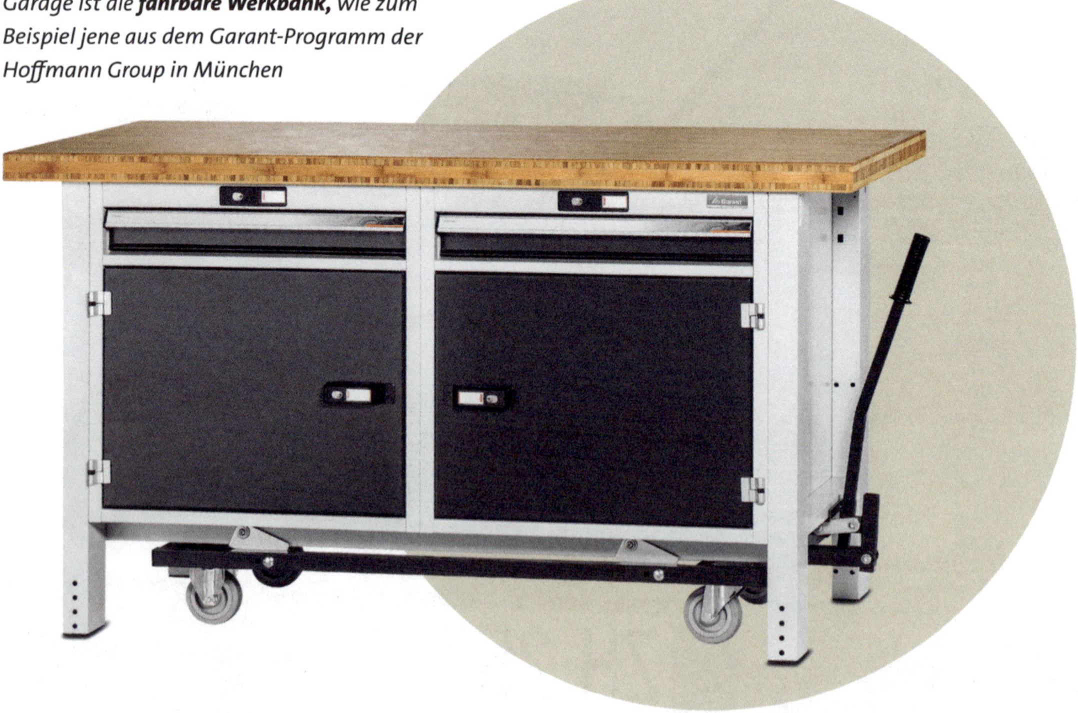

Klar, den ***Rostlöser aus der Dose*** *kennt jeder. Aber es gibt noch viele andere chemische Hilfsmittel, die das Schrauben erleichtern, etwa Montagepaste oder Dichtungsentferner*

Magnet lässt sich am Auto fixieren und sorgt dort für gutes Licht, wo es benötigt wird, und beide Hände bleiben frei. Auch Magnetteller können hilfreich sein. Darin finden gelöste Schrauben und Muttern sicheren Halt, denn es hat sicher schon jeder mal erlebt, dass er bei einer unbedachten Bewegung die auf dem Boden liegenden Schrauben durch die Gegend geschickt hat.

Wenn es um das schnelle Lösen und Festziehen von Schrauben geht, steht natürlich die klassische Knarre, auch Ratsche genannt, an vorderster Stelle. Doch von diesem Werkzeug gibt es verfeinerte Varianten wie etwa den Wera Zyklop (Foto unten auf der linken Seite) oder die kompakte Handratsche (siehe rechts). Wer einen Akkuschrauber einsetzt, profitiert von diversen angebotenen Stecknuss-Adaptern. Zum Thema Mechanik sei noch die Doppelgelenkzange erwähnt, mit der sich an schwer zugänglichen Stellen zupacken lässt, und der Klassiker Helicoil. Dieser Drahtgewindeeinsatz hilft weiter, wenn man versehentlich ein Gewinde ruiniert hat. Während sich in Werkstätten meist alles in geregelten Bahnen abspielt, schauen Hobbyschrauber auch mal über den Tellerrand und entdecken so manches nützliche Werkzeug. Joachim Heß aus Oberdischingen unweit von Ulm stieß im Internet auf sogenannte Clecos und Intergrips.

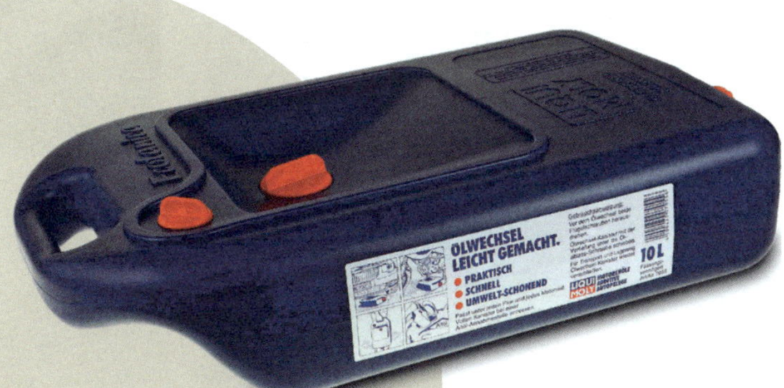

Wer den Ölwechsel selbst macht, profitiert vom ***Ölwechselkanister,*** *wie er bei Liqui Moly heißt. Das abgelassene Öl läuft in den Kanister und wird dann zur Entsorgung gebracht*

Wenn nichtmagnetische Teile wie ein Plastikclip aus schwer zugänglichen Bereichen geholt werden müssen, schlägt die Stunde des sogenannten ***Krallengreifers***

Mit einem ***Teleskopspiegel*** *lassen sich schwer einsehbare Bereiche inspizieren. Er besteht aus einer Teleskopstange und verschiedenen Aufsteckspiegeln*

Beim Herausfischen von Schrauben aus den Tiefen des Motorraums hilft der ***Magnetheber.*** *Alle drei Produkte links stammen von Bauer & Böcker, Remscheid*

Mit einer ***Doppelgelenkzange*** *kann man dort zupacken, wo die Hand nicht hinkommt. Die Zangen gibt es in diversen Ausführungen, die auf dem Foto stammt von Würth*

Der ***Wera Zyklop*** *ist eine Knarre mit schwenkbarem Kopf. In Null-Grad-Stellung kann man die bewegliche Griffhülse festhalten und mit dem Griff fix die Nuss bzw. die Schraube drehen*

Mithilfe der Letzteren hat er den Radlauf seines Opel Manta eingeschweißt (siehe Fotos rechts). Die Clecos sind ebenfalls bei Blecharbeiten hilfreich. Es handelt sich um temporäre Verbindungselemente, die mithilfe einer speziellen Zange fixiert werden.

Auch die Chemie ist hilfreich

Nicht zu vergessen sind die zahlreichen chemischen Helfer. Und da gibt es weit mehr als den allseits bekannten Rostlöser. Wer sich im Zubehörhandel einmal die Zeit nimmt und das Angebot studiert, findet Dichtungsentferner, Montagepaste, Ölbinder und vieles mehr bis hin zur chemischen Schraubensicherung.

Eines findet sich dort im Regal allerdings nicht: ein Spray, das nach einer gewissen Einwirkzeit aus einer Ruine einen toprestaurierten Klassiker macht. ■

*Hilfreich beim Schrauben auf engem Raum sind die kompakten **Hand- oder Fingerratschen.** Im Westfalia-Shop gibt es sie als Set mit 1/4-, 3/8- und 1/2-Zoll-Antrieb*

*Mit **Intergrips** lassen sich zwei Blechteile so fixieren, dass man sie auf Stoß zusammenschweißen kann. Die Fotos unten zeigen den Einsatz beim Einschweißen eines Radlaufs*

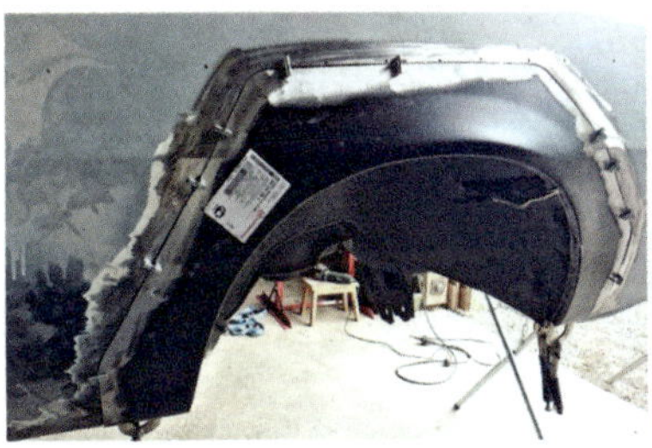

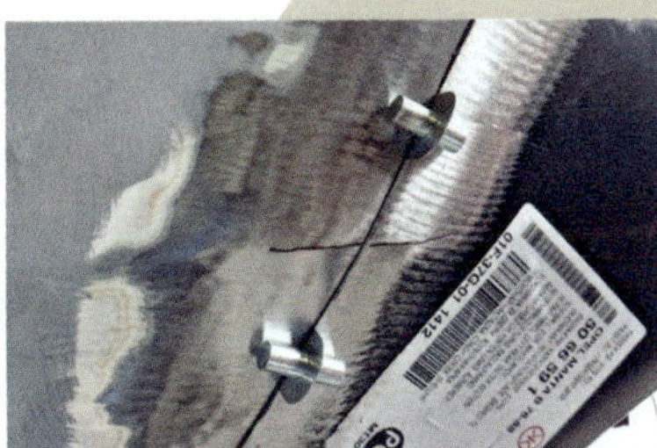

*Um eine Karosserie bequem von allen Seiten bearbeiten zu können, empfehlen sich von diversen Herstellern angebotene **Drehgestelle**. Einige davon sind auch fahrbar*

Was in eine gute Werkstatt gehört

Wer sich von Anfang an Gedanken macht und ordentlich plant, benötigt nicht viel Platz – denn selbst in einer Garage im DIN-Format lässt es sich recht ordentlich schrauben. Wir zeigen, welche Ausstattung nötig ist, wo man sie bekommt und wovon man träumen darf.

Text Kai Klauder · **Fotos** Fact, Getty Images, Beate Jeske, Uli Jooß, Hardy Mutschler, Michael Orth, Ingolf Pompe, WilTec

RABOT

Böden

Wer sein Auto häufig rangieren muss, wird die Car Jacks lieben: Hydraulisch werden die Räder angehoben, der Wagen lässt sich dann recht leicht verschieben

Schön und stabil: Eine Zwei-Komponenten-Beschichtung aus Epoxidharz kann mit bis zu drei Tonnen pro cm² belastet werden

Unterm Auto bewegen: Mit Rollbrett geht's leichter – Aufbocken ist angesagt

Wenn es um die idealen Bedingungen fürs Schrauben geht, bekommen die meisten von uns glasige Augen. Die Pläne im Hinterkopf haben schon Ausmaße der Heidegger-Gesamtausgabe in derzeit 102 Bänden, die Wünsche sind über die Jahre präzise formuliert und können spontan auf ein beliebiges Reizwort heruntergebetet werden: beheizte Scheune, Hebebühne, Wandregale, Lastenaufzug für Teile und Motorräder, Nebengebäude mit Drehbank, Schleifbock und Absauganlage für alles, was Schmutz macht, raucht und spant. Dazu ein Werkstattabteil für Reifenmontage und Auswuchten, eine Lackierkabine sowie ein gut gefüllter Kühlschrank und ein Smoker.

So in etwa könnte ein ideales Schrauberparadies aussehen. Aber dann muss man doch wieder in die enge, kalte und unzureichend ausgeleuchtete Normgarage, um den Zahnriemen zu tauschen oder auch nur die Stoßdämpfer oder Bremsbeläge zu wechseln oder einen Ölwechsel zu machen. Die harte Realität macht aber dennoch immer wieder Spaß, wenn man sich nach getaner Arbeit über sein Tagwerk freut, darauf anstößt und nachrechnet, wie viel Geld man durch seine Schrauberei wieder gespart hat. Ich persönlich reinvestiere das Gesparte direkt wieder in Werkzeug und Werkstattausstattung – denn es gibt ja immer was zu tun.

Die Basis einer guten Werkstatt ist ein ordentlicher Boden. Der kalte Beton ist besonders im Herbst tückisch, wenn die Kälte langsam in die Füße und Beine kriecht – oder wenn man auf dem harten und rauen Belag herumrutscht. Ein Belag aus Zwei-Komponenten-Epoxidharz eignet sich schon deutlich besser. Carsten Giesemann, technischer Kundenberater bei BTT-Beschichtungstechnik in Beverungen, weiß um die Vorteile einer Epoxy-Beschichtung: »Gerade für Werkstätten empfiehlt sich eine solche Beschichtung: Selbst 40-prozentige Schwefelsäure greift die Epoxy-Schicht nicht an. Und wenn vor der eigentlichen Beschichtung noch eine Grundierung mit Quarzsand aufgetragen wird, kann der Boden mit drei Tonnen pro Quadratzentimeter belastet werden.« Völlig ausreichend also für jegliche Hebebühne, die darauf montiert werden soll. Voraussetzung: Der ursprüngliche Boden ist ebenfalls auf hohe Belastungen ausgelegt. Ein Fundament aus Stahlbeton (15 bis 20 cm, je nach Vorgabe des Bühnenherstellers) mit Mineralbeton oder Schotter (rund 20 cm) darunter sollte den Hebebühnen als Basis dienen.

Vom Heben und Sichern

Wenn wir hier von Hebebühnen sprechen, ist das natürlich schon die Traumausstattung. Zwei-Säulen-Bühnen kosten ab 1500 Euro und benötigen neben dem angesprochenen Untergrund natürlich auch eine entsprechende Höhe. Die meisten Schrauber fangen allerdings einfach an: mit Rangierwagenheber sowie Unterstellböcken. Dabei sollte unbedingt auf hohe Qualität geachtet werden – und Standsicherheit. Der im nebenstehenden Bild gezeigte Rangierwagenheber gehört schon in die große Kategorie. Doch es lohnt sich, direkt in gutes Werkzeug zu investieren – man denke an den Umstieg auf den ersten Flachbildschirm, der dann doch recht schnell zu

Gute Bedingungen: Werkstatt mit Grube inklusive verschiebbaren hydraulischen Radfreihebers

klein wurde. So verhält es sich auch mit dem Rangierwagenheber. Lieber einen gebrauchten hochwertigen und großen kaufen als einen kleinen Baumarktheber, der nach 35 Zentimetern Hubhöhe sprotzend aufgibt – und bei dem dann im schlimmsten Fall mit Holzklötzen die benötigte Höhe erreicht wird.

Der hydraulische Rangierwagenheber sollte nur zum Heben, nicht zum sicheren Abstellen genutzt werden. Dafür gibt's Unterstellböcke. Hier ist auf einen sicheren Stand und die nötige Traglast zu achten. Ab etwa 25 Euro gibt es ordentliche Qualität.

Wenn man unter dem Auto liegt und zum Schrauben ansetzt, sollte man es sich auf einem Rollbrett bequem gemacht haben. Das erleichtert die anstrengende Überkopfarbeit. Dazu das nötige (und etwas mehr) Werkzeug in eine Schütte in Griffweite – schon kann es losgehen. Doch halt, wir benötigen noch gutes Licht. Und zwar nicht nur punktuell, sondern am besten flächig. In den letzten Jahren hat sich gerade in

Hebewerkzeuge

Bei Unterstellböcken auf hohe Qualität und stabilen Stand achten

Wohl dem, der eine Hebebühne sein Eigen nennt: Sie erleichtert viele Arbeiten

Ein (elektrischer) Flaschenzug kann ebenfalls sehr hilfreich sein

Hobby-Motorheber sollten zusammenklappbar sein

Rangierwagenheber heben den Wagen auf die Unterstellböcke

dieser Hinsicht viel getan – LED-Technik sei Dank. Nach den Erfahrungen mit Neon- und Halogenlicht ist es ein großartiges Gefühl, unter dem homogenen Schein von LED-Panels zu schrauben und mit der leichten LED-Handlampe, die auch mal einen Sturz aushält, Arbeitsfläche und Werkraum auszuleuchten. Je nach Vorliebe strahlen die Dioden kaltes, neutrales oder warmes Licht aus. Die Anschaffungskosten halten sich in Grenzen; spannend wird es, wenn man das Einsparpotenzial ausrechnet, etwa auf www.ledpanelgrosshandel. de/ledeinsparungsrechner. Die Leuchten amortisieren sich schnell.

Stabil und schwer

Kommen wir zur Werkbank, einem der wichtigsten Gegenstände in der Werkstatt. Hier wird gebohrt, gefeilt, geschliffen und gehämmert. Es gibt zwei wesentliche Merkmale einer Werkbank: Sie muss stabil sein – und vor allem schwer oder im Boden verankert. Gut ist eine Oberfläche aus einer verleimten Vielschichtplatte, zudem sollte es einen Bereich geben, der mit einer stabilen Stahlplatte belegt ist. An eine ordentliche Werkbank gehört natürlich auch ein stabiler Schraubstock. Dessen Spannbacken sollten parallel stehen, Schonbacken aus Messing, Aluminium oder Gummi für empfindliche Teile gibt's für wenige Euro auf jeder Oldtimermesse. Wer genügend Platz und Geld hat, wird sich über kurz oder lang auch noch eine Drehmaschine anschaffen. Sie erleichtert und ermöglicht viele Arbeiten, die fortgeschrittene Schrauber leicht selbst erledigen können.

Im Idealfall ist über der Werkbank an der Wand noch Platz für eine Werkzeugwand, an der alle Standardwerkzeuge schnell zu finden und leicht zu greifen sind. Es gibt professionelle Lösungen

Beleuchtung

Halogen- oder LED-Strahler sorgen für punktuelle OP-Atmosphäre

Eine Handlampe sollte Haken zum Aufhängen und Magnete zum Anheften besitzen

Flächiges Licht über der Werkbank liefern gut und günstig LED-Panels, die es in vielen Größen und Farbtemperaturen gibt

mit Lochblech-Systemen und einer Vielzahl von verschiedenen Haken, Haltern und Ablagen. Die sympathische hemdsärmelige Lösung mit stabilen OSB-Platten (Stärke 23 mm) und nach Bedarf gesetzten Edelstahlschrauben tut es auch. Wer dann noch die Konturen der Werkzeuge nachzeichnet, erkennt sofort und auf einen Blick, welcher Schlüssel, Hammer oder Schraubendreher sich noch nicht an seinem Platz befindet.

Vom Lagern und Finden

Denn Ordnung – wie auch Sauberkeit – gehört ebenfalls zu den Tugenden einer guten Werkstatt. Allein schon wegen der nervigen Suche und verlorenen Zeit, die man sonst aufbringen muss, um das gerade benötigte Werkzeug zu finden. Um Ordnung zu halten, hilft eine gutes Aufbewahrungssystematik – und dazu gehören Schränke, Regale mit Kisten, Schütten sowie ein Werkstattwagen. Welche Systematik man letztendlich nutzt, ist unerheblich – aus eigener Erfahrung kann ich sagen, dass es Jahre dauert, ein solches zu entwickeln, und es dann immer noch verbesserungswürdig ist. Hauptsache, man weiß, wo man seine Werkzeuge findet.

Elektrowerkzeuge etwa sollten immer dort trocken lagern, wo es möglichst wenig Temperaturunterschiede gibt. Sie mit Strom an der Stelle der Werkstatt zu versorgen, erfordert ebenfalls Überlegungen. Steckdosen kann es nie genug geben – sie sollten nur sinnvoll verteilt sein. Dazu noch Hängeverteiler – Mehrfachsteckdosen, die an der Decke befestigt sind –, und man hat den Strom, wo man ihn benötigt. Wer neben 230-Volt-Verbrauchern auch noch große Stromfresser wie Kompressoren, Schweißgeräte oder Ähnliches mit Dreiphasen-Wechselstrom (Drehstrom) versorgen will, muss unbedingt auf eine sicher verlegte und abgesicherte Verkabelung achten.

Bei Kompressoren und Schweißgeräten nähern wir uns dem Bereich des fortgeschrittenen Schraubers, bei dem die Wünsche nach mehr Kraft, weniger Schweiß und Zeitersparnis aufkommen. Gerade beim Radwechsel sorgt ein pneumatischer Schlagschrauber für schnelles Arbeiten. Ein Druckluftschrauber (200 bis 500 Liter pro Minute Luftbedarf) gehört allerdings – neben Sandstrahl- (500–700 l/min) und Lackierpistole (100–400 l/min) – zu den Werkzeugen, für die eine besonders hohe Abgabeleistung des Kompressors nötig ist. Rund 1000 Euro sollte man für ein Neugerät einplanen, das diese Leistung auch über einen längeren Zeitraum bringt und Druck von 10 bis 15 bar liefert. Dafür ist auch eine Kesselgröße von mindestens 50 Litern, besser 100 Litern, erforderlich. Empfehlenswert sind ölgeschmierte Kompressoren, weil sie langlebiger sind. Diese erfordern allerdings einen Ölnebel- und Wasserabscheider.

Von Funkenflug und Feuer

Bei Schweißgeräten kommt es auf den Einsatz an: Einfaches Elektrodenschweißen und klassisches Autogenschweißen sind ab Anschaffungskosten unter 100 Euro möglich. Schutzgasschweißen – ob MIG (Metall-Inertgas, auch für Leichtmetall), MAG (Metall-Aktivgas) oder WIG (Wolfram-Inertgas) – kostet ein Vielfaches. Hier lohnt das Nachfragen im Fachhandel, auf Messen, bei Clubs oder Schrauberkurs-Anbietern.

Tipp

Man sollte sich darauf einstellen, dass die Einrichtung einer Werkstatt ein Lebensprojekt ist. So kann man sich auch Zeit lassen und auf passende Gelegenheiten warten. Die Regeln »Wer billig kauft, kauft zweimal« und »Billiges Werkzeug kann ich mir nicht leisten« sind ebenso alt wie richtig. Wer sie beherzigt, wird sich an der Schrauberei erfreuen. Es geht nichts über Qualität. Daher lohnt es sich, gebrauchte Ausrüstung zu kaufen – aus Zeiten, als nicht Kunststoffe das Allheilmittel waren, sondern gute Handwerksarbeit. In einigen Bereichen, wie etwa der LED-Beleuchtung, sollte man aber bewusst mit der Zeit gehen. Wer zwischen Handwerk und Moderne zu differenzieren weiß und abwägen kann, ist im Vorteil.

Aufbewahrung

In Profi-Werkstätten gibt es viel Platz für Ersatzteile, Werkbänke und Spezialwerkzeuge. Dazu mehrere, für unterschiedliche Einsatzzwecke bestückte Werkstattwagen. Für den Anfang tut es auch einer mit der Grundausstattung

Wer einzelne Komponenten oder auch ganze Aggregate demontieren muss, benötigt dafür genügend Ablagen

Immer wenn offenes Feuer, hohe Stromstärken, Funkenflug oder Hitze im Spiel sind, muss man besonders gut aufpassen. Viele Klassiker sind schon abgefackelt, weil unten geschweißt wurde und oben die Innenausstattung Feuer fing. Deshalb zum Schluss noch zwei ganz wichtige Tipps: Feuerlöscher in Reichweite sind Pflicht – und zwar mindestens ein Schaum- und ein Pulverlöscher. Pulver löscht schlagartig, Schaum löscht länger. Ein großer Sack Sand sowie ein Zehn-Liter-Eimer mit Wasser soll-ten auch immer bereitstehen. Dann kann eigentlich nichts mehr schiefgehen. ■

Checkliste Tipps für die Werkstatt

- ☐ **Boden**
  Ein heller Boden sorgt für freundliches Licht beim Schrauben. Eine Zwei-Komponenten-Beschichtung aus Epoxidharz ist widerstands- und tragfähig. Es gibt auch eine Vielzahl von Kunststoff- oder Gummiplatten-Systemen, die puzzleartig verlegt werden können. Auf Klassikermessen findet man viele Anbieter.
- ☐ **Schränke und Regale**
  Bei Hängeschränken auf eine ordentliche Verankerung in der Wand und die Belastungsgrenzen achten. Schubladenschränke bieten sich für Kleinteile sowie Sortimente von Schrauben, Muttern und Unterlegscheiben an. Bei Regalen nicht die Befestigung an der Wand vergessen.
- ☐ **Lochblech-Systeme**
  Lochbleche für die Wand sind flexibel und kleinteilig einzurichten. Wer allerdings Geld sparen möchte und auch Spaß am Selbermachen hat, kann mit OSB- oder Spanplatten seine individuelle Werkzeugwand bauen (siehe Bild rechts). Wer die Holzplatten dann noch mit Tafellack oder Magnetfarbe streicht, gewinnt einen pfiffigen Mehrwert.
- ☐ **Lagerung auf mehreren Ebenen**
  Wer nicht gerade mit großzügigen Platzverhältnissen in seiner Werkstatt gesegnet ist, kann durch einen Einzug einer zweiten Ebene viel Platz gewinnen. Dazu bieten sich zum Beispiel die Dachträger von Sanitärbetriebs-Lieferwagen an. Die Gitter lassen sich einfach aufhängen und per Flaschenzug absenken und anheben.
- ☐ **Um die Ecke denken**
  Manche Maschinen aus anderen Bereichen lassen sich vorzüglich für unsere Schrauberei verwenden. Etwa Ausputzmaschinen, die normalerweise Schuster benutzen. Man bekommt die universell einsetzbaren Schleif-, Polier- und Fräsmaschinen recht günstig, und sie sind vielseitig einsetzbar.
- ☐ **Standbohrmaschine**
  Für viele Arbeiten empfiehlt sich eine Standbohrmaschine – um Halterungen zu improvisieren, Bolzen auszubohren etc.
- ☐ **Werkzeuge sortieren**
  Viele Werkzeuge, insbesondere elektrische, kommen in markentypischen Kisten, Kartons oder Boxen. Wer auf Systemkoffer umsteigt – wie etwa Systainer –, bringt auch optisch Ordnung in seine Werkstatt. Beschriftung einfach per Permanent-Marker. Auch große Euro-Boxen helfen beim Ordnunghalten. Es gibt sie oft gebraucht mit genormten Abmessungen. 60 x 40 cm und 80 x 60 cm sind besonders gut für Ersatzteile geeignet.
- ☐ **Trocken und sicher**
  Luftdichte Aluminiumkoffer – etwa Zarges-Boxen – eignen sich gut für die Aufbewahrung feuchtigkeitsempfindlicher Werkzeuge oder auch von Sprühdosen. Einfach einen Sack mit Entfeuchtungsmittel (Silica-Gel) hineinstellen, ihn monatlich kontrollieren und bei Bedarf im Ofen trocknen.
- ☐ **Sitz-Arbeitsplatz**
  Ein ausrangierter Bürostuhl mit Schonrollen sollte in einer Werkstatt für Feinarbeiten und zum Ausruhen vorhanden sein.
- ☐ **Kühlschrank**
  Ein Kühlschrank mit Gefrierfach hilft beim Einpressen von Lagern – und gegen Durst.

Werkzeuge

Ob einfaches oder Schutzgasschweißen: Beide erfordern Erfahrung und ausgeprägtes Sicherheitsempfinden

Bohrmaschine und Trennschleifer können vielseitig eingesetzt werden. Bei Schleifaufgaben Vorsicht: Funkenflug

Werkstatt-Kühlschrank: zum einen für den Flüssigkeitshaushalt, zum anderen zum Abkühlen für Lager

Ein guter Schlagschrauber gehört in jede Werkstatt – mit entsprechendem Kompressor (s. u.)

Kosten und Können: Eine Drehbank wendet sich in beiden Aspekten an Fortgeschrittene

Je nach Einsatz benötigt man leise oder leistungsfähige Kompressoren mit großem Tankinhalt

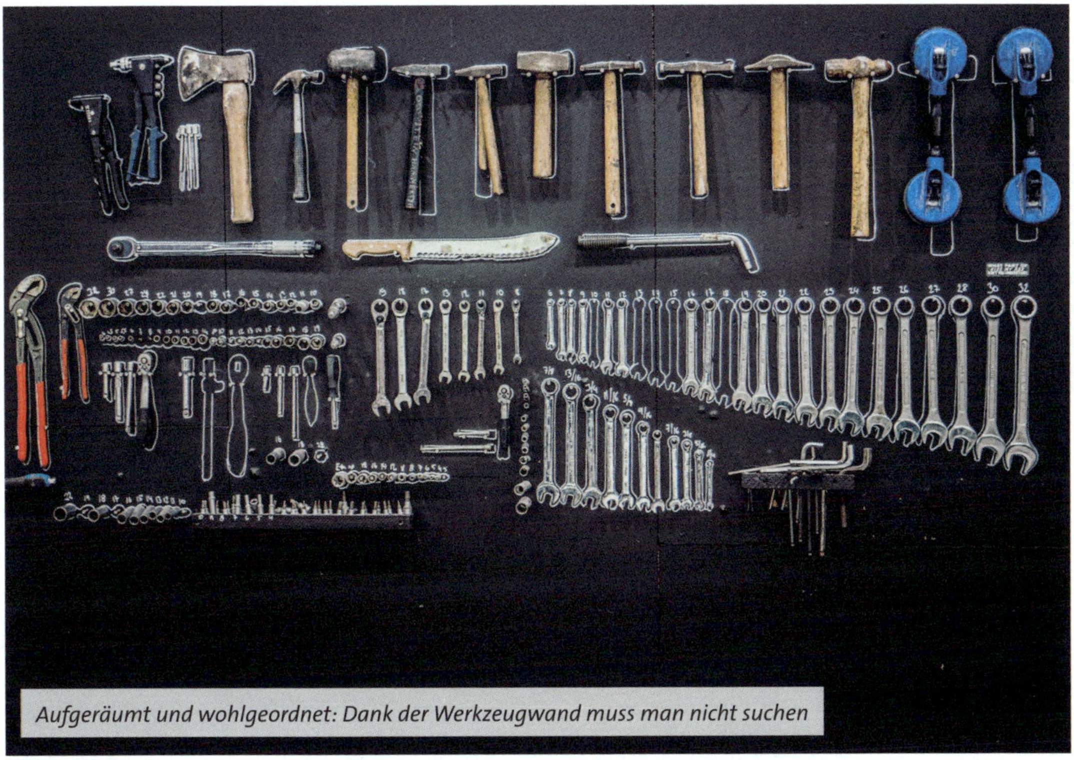

Aufgeräumt und wohlgeordnet: Dank der Werkzeugwand muss man nicht suchen

Adressen

Bahco, 71711 Steinheim,
www.bahco-werkzeuge.de
Birkenstock, 33442 Herzebrock,
www.birkenstock-drucklufttechnik.de
Compac, 24955 Harrislee,
www.compac.dk
Contorion, 10969 Berlin,
www.contorion.de
Eurokraft, 70191 Stuttgart,
www.eurokraft.info
Eurolifter, 36251 Ludwigsau,
www.pkw-hebebuehnen.eu
Facom, 65510 Idstein,
www.facom.de
GoJak, Danbury, CT 06810, USA,
www.zendextool.com
Hebebühne24, 87452 Altusried,
www.hebebuehne24.de
Kärcher, 71364 Winnenden,
www.kaercher.com
KS Tools, 63150 Heusenstamm,
www.kstools.com
Speedwerft, 90547 Stein,
www.speedwerft.de
TBS Aachen, 52068 Aachen,
www.tbs-aachen.de
Twin Busch, 64625 Bensheim,
www.twinbusch.de
Wulf, 24558 Henstedt-Ulzburg,
www.wulf-kfz.de
Rotwerk, 80804 München,
www.rotwerk.de
Schneider, 72770 Reutlingen,
www.schneider-airsystems.de
Tegometall, CH-8574 Lengwil,
www.tegometall.com

Denken hilft oft, Lesen fast immer

Entsprechend Begabte neigen häufig dazu, sich technische Zusammenhänge durch reine Beobachtung und Analyse zusammenzureimen. Sie liegen dabei nicht selten richtig, gern aber auch mal falsch. Wer zusätzlich aufgezeichnetes Wissen nutzt, ist klar im Vorteil.

Text Klaus Finkenburg · **Fotos** Getty Images, Uli Jooß, Mario Rodriguez, Archiv

KRAFTFAHR TECHNISCHES TASCHENBUCH
BOSCH
19. AUFLAGE
KRAFTFAHRTECHNISCHES TASCHENBUCH
BOSCH
Reparatur anleitung
SJ 410
SUZUKI
MERCEDES BENZ
190 D
190 D 2.5
Dieter Korp
Jetzt helfe ich mir selbst
Aus dieser Reihe ÜBER 6,2 MILLIONEN VERKAUFT
Motor buch Verlag
Opel Rekord D
REPARATURHILF
Tabellenbuch
Dieselmoto
MERCEDES
MOTOR

Denken hilft oft, Lesen fast immer

Entsprechend Begabte neigen häufig dazu, sich technische Zusammenhänge durch reine Beobachtung und Analyse zusammenzureimen. Sie liegen dabei nicht selten richtig, gern aber auch mal falsch. Wer zusätzlich aufgezeichnetes Wissen nutzt, ist klar im Vorteil.

Per Handy kann man kein Auto reparieren, mit Papier aber auch nicht. Die bekannte »Ich fang jetzt einfach mal an«-Masche führt oft schon weiter, leider geht dabei aber immer mal wieder etwas kaputt. Alles in allem ist es hier wie so oft im Leben: Zu wenig Tatendrang ist genauso schlecht wie zu wenig Wissen. Die für ihn bekömmliche Dosierung muss freilich jeder selbst herausfinden. Während Fortgeschrittene beim Schrauben eher hochprozentige Infos bevorzugen, sollten Anfänger sich zunächst an Schonkost halten, also einfache Arbeiten durchführen und Informationen mit nicht zu viel Ballast zu sich nehmen.

Bei Klassikern kann dies recht gut anhand der Bordbücher der Hersteller gelingen, die, was Informationen zum Fahrzeug angeht, die unterste Basis darstellen – nicht mehr, aber auch nicht weniger. In den Bedienungsanleitungen, meist Hefte oder Büchlein im DIN-A5-Format, finden sich oft eine Menge wichtige Informationen, das reicht von technischen Daten und Ölsorten, Rad- und Reifengrößen über Füllmengen, Einstell- und Zündkerzenwerte bis hin zu einfachen Reparaturen und Anleitungen, etwa zur Kontrolle der Flüssigkeitsstände oder dem Einbau eines Radios.

Wissen, was man wissen muss

Wer mehr vorhat, benötigt zumindest eine Reparaturanleitung eines Fachverlags. Die hierzulande bekanntesten, erfolgreichsten und ältesten Anleitungen dieser Art kommen aus dem Motorbuch Verlag. Der erste Band der Reihe »Jetzt helfe ich mir selbst« erschien im Jahr 1962 und behandelte den VW Käfer 1200. Bis heute sind über zehn Millionen Exemplare der Reihe verkauft worden und 230 verschiedene Ausgaben erschienen.

Viele der Bände behandeln Autos, die längst zu begehrten Klassikern geworden sind – und da die Bücher immer wieder neu aufgelegt werden, sind sie auch noch erhältlich. In den Anleitungen ist nicht nur detailliert ausgeführt, was an regelmäßigen Wartungsarbeiten wie oft durchzuführen ist, es werden auch häufiger anfallende kleinere Reparaturen beschrieben.

Ähnlich konzipiert ist die Reihe »So wird's gemacht« aus dem Delius Klasing Verlag. Diese startete im Jahr 1974 und umfasst zurzeit etwa 150 Ausgaben. Von beiden Reihen gibt es außerdem Sonderbände, von »Jetzt helfe ich mir selbst« etwa zu Elektrik, Karosseriearbeiten, Wohnmobilausbau und Oldtimern, in der Reihe »So wird's gemacht« zu den Themen Restaurieren, Wohnwagen und Offroad. Übrigens gab es auch in der DDR Anleitungen, natürlich nur zu Ost-Fahrzeugen. Sie erschienen im VEB Verlag Technik in der Reihe »Wie helfe ich mir selbst« sowie im Transpress Verlag unter »Ich fahre einen ...«.

Unterschiedliches Niveau

Die Reparaturanleitungen aus der ehemaligen DDR gelten als qualitativ sehr gut und in die Tiefe gehend, Ausgaben von »So wird's gemacht« und »Jetzt helfe ich mir selbst« erfahren hier bisweilen Kritik. In der Tat gibt es Unterschiede zwischen den einzelnen Bänden, hier kann nur empfohlen werden, sich vor dem Kauf bei Clubkollegen umzuhören oder in einer öffentlichen Bibliothek oder Fachbuchhandlung die infrage kommenden Ausgaben vorab in Ruhe durchzusehen, um herauszufinden, ob sie für den persönlichen Bedarf geeignet sind. Tatsächlich erheben die Reparaturanleitungen keineswegs den Anspruch, alle möglichen Arbeiten in aller erdenklichen Tiefe zu erläutern.

Auch die Reparaturanleitungen aus dem englischen Verlag Haynes Publishing richten sich weniger an Profis als an Hobbyschrauber mit etwas Anspruch. Das entsprechende Verlagsprogramm geht auf das Jahr 1960 zurück, bis heute wurden rund 300 Pkw-Modelle aller Marken und Nationalitäten behandelt. Wer des Englischen weniger mächtig ist, kann sich übrigens gratis im Internet das Haynes Dictionary als PDF-Dokument herunterladen, zu finden zum Beispiel auf der Haynes-Homepage und auf den Internetseiten einiger Anbieter von Kfz-Literatur, eine Suchmaschine hilft im Zweifelsfall weiter.

Auf den ersten Blick sehr ähnlich wirken die Chilton Auto Repair Manuals aus dem in Pennsylvania ansässigen Verlag Chilton Publishing. Dessen Verlagsprogramm umfasst eine vierstellige Zahl von Ausgaben, die meisten davon zu amerikanischen Pkw-Typen, es gibt aber auch zahlreiche Anlei-tungen zu asiatischen und europäischen Modellen, die ältesten hier behandelten Fahrzeuge sind luftgekühlte VW ab 1949. Im Gegensatz zu den Haynes-Werkstatthandbüchern, die mit vielen Abbildungen und Schaubildern arbeiten und so auch für Laien gut verständlich sind, setzen die Chilton-Bände deutlich mehr Grundwissen voraus. Sie wenden sich eher an Mechaniker oder Profischrauber und gehen dementsprechend mehr in die Tiefe.

Eine vergleichbare Rolle nehmen im deutschsprachigen Raum die Bände aus der Reihe »Reparaturanleitung« des in der Gemeinde Zug in der Schweiz ansässigen Bucheli Verlags ein. Sie beschränken sich ausschließlich auf die Technik von Fahrzeugen, das geht bis zu Arbeiten am (teil) zerlegten Motor, dem Getriebe oder Fahrwerk. Auch hier wird beim Leser ein hohes Niveau an Vorwissen vorausgesetzt. Derzeit sind rund 600 Bände verfügbar. Ältere Ausgaben bis zurück in die frühen 60er-Jahre sind mittlerweile als Reprint erhältlich.

Papier kann manchmal Gold wert sein: *Es gibt Bücher für jeden Anspruch und jeden Geschmack.* ***Fachbücher*** *etwa zur Motorentechnik vermitteln theoretische Kenntnisse und helfen, Zusammenhänge zu verstehen. Mit Literatur zu* ***speziellen Schrauberthemen,*** *etwa zur Elektrik, lässt sich vorhandenes Wissen ausbauen. Veröffentlichungen der Autohersteller gehen auch auf spezielle Lösungen ein*

Auch Profis werden fündig

Am tiefsten in die Materie dringen die originalen Werkstatthandbücher der Fahrzeughersteller ein. Zu aktuellen Fahrzeugen gibt es diese für die Mechaniker in den Vertragswerkstätten verfassten Handbücher nur noch in elektronischer Form. Bei Autos, die heute Young- oder Oldtimer sind, war es aber noch üblich, wichtige Informationen auf Papier zur Verfügung zu stellen. Die Profi-Handbücher bestehen oft aus zahlreichen Bänden, die jeweils einzelne Baugruppen und technische Bereiche behandeln und detaillierte Beschreibungen aller am entsprechenden Fahrzeug erforderlichen Arbeiten enthalten. Dabei gehen sie sehr in die Tiefe, als unterstützende Info sind oft detaillierte Grafiken und Explosionszeichnungen beigefügt. Außerdem enthalten die Manuals technische Daten, Maß- und Einstellwerte sowie Informationen zu Spezialwerkzeug.

Zum Teil sind die historischen Handbücher heute wieder über die Klassikerabteilungen der Fahrzeughersteller erhältlich. Daneben gibt es einige spezialisierte Anbieter von Reparaturanleitungen und Werkstatthandbüchern, zu finden zum Beispiel im Kleinanzeigenteil von Motor Klassik oder im Internet. Oft lassen sich auch Anleitungen zu Fahrzeugen auftreiben, deren Hersteller längst nicht mehr existiert. So gibt es engagierte Fans, die Nachdrucke oder Digitalseiten anbieten. Auch mancher Markenclub kümmert sich rührig darum, Mitglieder mit den benötigten Informationen zu versorgen, ein Beispiel ist der Mercedes-Club vdh, der über seinen Clubshop für alle betreuten Fahrzeugmodelle die gesamte Palette an Literatur anbietet, vom Verkaufsprospekt über Bordbücher bis hin zu Original-Werkstattanleitungen zu allen infrage kommenden Baugruppen. ■

Reparaturanleitung 2.0

Per Smartphone muss es nicht gerade sein, wegen der besseren Erkennbarkeit von Details sollte zumindest ein **Notebook oder Tablet** genutzt werden – auf jeden Fall gibt es Reparaturanleitungen auch in Form von Bewegtbildern. So lassen sich auf der Videoplattform Youtube neben Anleitungen zum Displaywechsel am Handy oder zum Abfackeln von Lithium-Ionen-Akkus auch solche zu Kfz-Arbeiten aller Art finden. Einige davon erreichen ein hohes Niveau und können hilfreicher sein als manche gedruckten, andere sind weniger empfehlenswert. Für Unerfahrene ist dies nicht immer leicht zu beurteilen, da manches Video fachliche Mängel durch eine professionelle Machart kaschiert. Sehr hilfreich ist es manchmal, die Bewertungen durchzuschauen. Nicht selten entlarvt einer der Kommentatoren zunächst plausibel wirkende Tipps als Unfug. Vorsicht ist aber auch hier geboten: Eine schlechte Anleitung wird auch durch Gefälligkeitsurteile von Fans nicht gut – und eine gute durch ein geringes Feedback nicht schlecht. Für unterstützende Zusatzinfos taugen die Filmchen allemal, und sei es nur, um das Objekt, an dem gearbeitet werden soll, und die Handhabung bestimmter Werkzeuge vorab kennenzulernen. Grundsätzlicher Nachteil: Anders als bei der Arbeit mit gedruckten Anleitungen, in denen sich gezielt etwas nachschlagen lässt, kann die Informationssuche in Videos ausgesprochen zeitraubend sein.

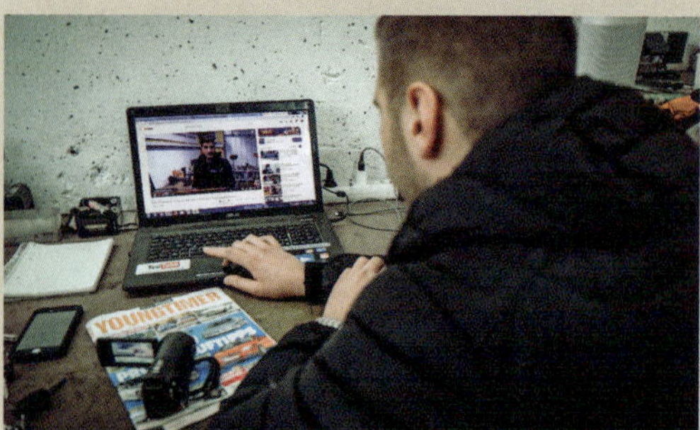

Infotainment:
***Videoanleitungen** bewegen sich oft in der Grauzone zwischen Info und Unterhaltung*

Nicht nur für Einsteiger: Die Handbücher aus der Reihe ***»Jetzt helfe ich mir selbst«*** erscheinen seit Anfang der 60er-Jahre im ***Motorbuch Verlag***. Sie wenden sich eher an Einsteiger. Die älteren Bände, mit anders gestaltetem Titel und im kleineren Format, gelten als inhaltlich anspruchsvoller. Viele davon behandeln Autos, die heute gesuchte Klassiker sind

Technikfibel: Sie heißen schlicht ***»Reparaturanleitung«*** und haben es in sich: Die Bände aus der im Schweizer ***Bucheli Verlag*** erschienenen Reihe beschränken sich auf rein technische Themen und gehen dabei sehr in die Tiefe. Mittlerweile gibt es rund 600 Bände, auch ältere Ausgaben sind noch erhältlich, sie werden als Reprint vertrieben

Nostalgie:
In der Reihe ***»Wie helfe ich mir selbst«*** *werden ausschließlich Reparaturen an Fahrzeugen des ehemaligen Ostblocks beschrieben. Die inhaltliche Qualität ist gut. Wie auch die Bände aus der Reihe* ***»Ich fahre einen ...«*** *sind sie nur noch antiquarisch erhältlich*

Die Alternative:
Eigentlich stehen sie in Konkurrenz zu den »Jetzt helfe ich mir selbst«-Bänden, doch viele betrachten die Ausgaben aus der Reihe ***»So wird's gemacht«*** *als Ergänzung. Die Reparaturbücher erscheinen seit etwa 1974 im* ***Delius Klasing Verlag,*** *auch hier sind viele ältere Ausgaben noch erhältlich, übrigens oft sehr günstig antiquarisch*

In der Buchreihe ***»Jetzt helfe ich mir selbst«*** *wurden auch Bände zu Sonderthemen herausgegeben, die im Rahmen der fahrzeugspezifischen Ausgaben nur unzureichend behandelt werden können*

Wer sich für Verbrennungsmotoren interessiert, kommt an ***»Motoren: Technik – Praxis – Geschichte«*** *von Helmut Hütten kaum vorbei. Das Buch gilt als Standardwerk und ist im Motorbuch Verlag erschienen*

Langzeitspeicher: ***Microfiches*** *überstehen mehrere hundert Jahre*

Uralte Technik, immer noch gut

Neben Reparaturleitfäden und Werkstatthandbüchern sind **historische Ersatzteilkataloge** als Informationsquellen äußerst nützlich. Hier werden die verschiedenen Baugruppen üblicherweise in Form von Explosionszeichnungen gezeigt, auf denen genau zu erkennen ist, welche Teile in welcher Position verbaut sind. Mechaniker in der Werkstatt nutzen die Abbildungen, um schnell die benötigten Teile zu identifizieren und im Lager herauszusuchen oder zu bestellen. Für Hobbyschrauber stellen die Kataloge aber auch eine wertvolle Hilfe beim Zerlegen oder Zusammenbauen dar, sie ermöglichen es zudem, vorab zu prüfen, was etwa anlässlich einer anstehenden Reparatur an Dichtungen, Simmerringen oder Sicherungssplinten besorgt werden muss. Die Ersatzteilkataloge sind oft sehr umfangreich. Seit etwa den 90er-Jahren gingen die Fahrzeughersteller daher dazu über, sie nur noch digital zu erstellen, neuerdings auch interaktiv, nutzbar via Web, per CD oder auf USB-Stick. Ursprünglich wurden die Kataloge auf Papier gedruckt, ab etwa den 60er-Jahren setzte sich die Microfiche-Technologie durch, bei der Dokumentenseiten stark verkleinert auf Fotofilm gespeichert werden. Dabei kommen Planfilme im Postkartenformat zum Einsatz, ein einzelner Microfiche kann bis zu 196 DIN-A4-Seiten fassen. Um Microfiches nutzen zu können, ist ein Lesegerät erforderlich, etwa so groß wie ein Röhrenmonitor. Gebrauchte Exemplare werden meist um 100 Euro gehandelt. Früher kamen auch spezielle Drucker für Microfiche-Inhalte zum Einsatz, die aber sehr teuer sind. Heute werden die Inhalte häufig digitalisiert, wozu spezielle Scanner benötigt werden. Aufgrund der hohen Preise dieser lohnt es sich im Zweifelsfall eher, das Einscannen bei einem entsprechenden Dienstleister in Auftrag zu geben. Größere Copyshops verfügen häufig über eine entsprechende Ausstattung, ansonsten hilft die Suche im Internet weiter.

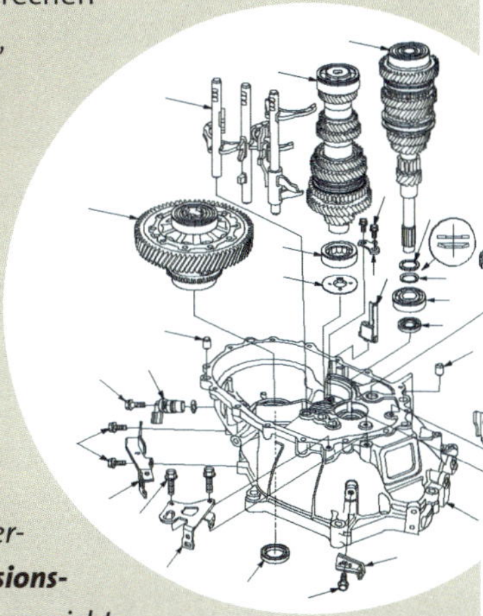

Die in Ersatzteilverzeichnissen verwendeten ***Explosionszeichnungen*** *zeigen nicht nur, welche Teile benötigt werden. Zugleich ist hier gut zu erkennen, wie sie zusammengehören*

So geht Mechanik

Ein wenig Hintergrundwissen zu den Themen Schrauben, Gewinde und Lager kann nicht schaden. Dann weiß man auch als Einsteiger in die Schrauber-Szene, was beispielsweise mit einer 6er-Schraube, mit einem Feingewinde oder einer Silentbuchse gemeint ist.

Text Bernd Woytal · **Fotos** Hazet, KS Tools, Würth, Fact, Bernd Woytal

BECKER

Einige am Auto vorkommende Schrauben: Zylinderschraube mit Schlitz, Schraube mit Innensechskant, Sechskantschraube und Flachrundschraube mit Vierkantansatz

Schrauben & Gewinde

Okay, diese Geschichte macht Sie nicht zum Automechaniker. Aber in Verbindung mit dem Artikel »Sie können das!« einige Seiten weiter kommen Sie zu einem beachtlichen Basiswissen. Damit es hier allerdings nicht nur um graue Theorie geht und keiner anfängt zu gähnen, haben wir noch einige Praxistipps mit reingenommen. Das an einem Auto am häufigsten vertretene Konstruktionsbeziehungsweise Verbindungselement ist die Schraube. Und davon gibt es eine ganze Menge verschiedener. Nur einen kleinen Teil davon zeigt das Foto auf der Seite links. Eine Sechskantschraube kennt sicher jeder, und von einer Inbusschraube haben sicher auch schon alle gehört. Die heißt aber offiziell Schraube mit Innensechskant, denn Inbus ist ein Markenname. Das ist so wie bei Papiertaschentüchern, die oft Tempo genannt werden.

Metrisches ISO-Regelgewinde DIN 13, Sechskantschrauben

Gewindebezeichnung	Steigung*	Kerndurchmesser*	Kernlochbohrer*	Schlüsselweite*
M4	0,7	3,141	3,3	7
M5	0,8	4,019	4,2	8
M6	1,0	4,773	5,0	10
M8	1,25	6,466	6,8	13 (frz. 14)
M10	1,5	8,160	8,5	17
M12	1,75	9,853	10,2	19 (frz. 21)

* Maße in Millimeter

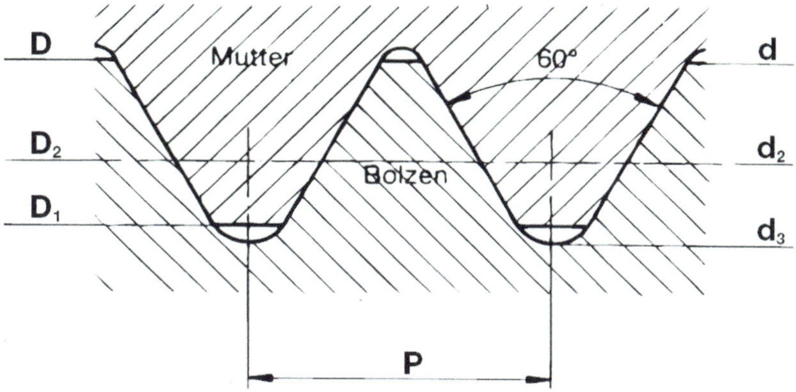

GewindeMutter, Bolzen mit metrischem Gewinde, Flankenwinkel 60°, D und d: Nenndurchmesser, D_2 und d_2: Flankendurchmesser, d_3: Kerndurchmesser, P: Steigung

Eine Flachrundschraube mit Vierkantansatz, auch Schlossschraube genannt, haben einige vielleicht noch gar nicht gesehen. Sie wurde zum Beispiel bei älteren Autos zum Befestigen der Chromstoßstangen verwendet. Was wir hier mal ausklammern sind Blechschrauben, wir konzentrieren uns auf Gewindeschrauben. Und zu denen gibt es schon genug zu sagen.

Richten wir unser Augenmerk auf die Sechskantschraube. Selbst wenn man zwei gleich große in der Hand hält, müssen sie zwangsläufig nicht identisch sein. Sie können sich beispielsweise vom Material her oder vom Herstellungsverfahren unterscheiden. Aber machen wir es nicht zu kompliziert. Wichtig ist, zu wissen, dass es verschiedene Schrauben gibt, und wenn wir eine erneuern, sollten wir nicht eine x-beliebige andere nehmen – besonders, wenn es sich um eine hoch belastete Schraube handelt. Es empfiehlt sich daher, der alten Schraube auf den Kopf zu schauen, bevor man sie ersetzt.

Dort findet man normalerweise ein Kürzel des Herstellers, aber viel wichtiger sind die durch einen Punkt getrennten Zahlen (nicht bei Edelstahlschrauben). Die weisen nämlich auf die Festigkeitsklasse hin. Die Zahl vor dem Punkt ergibt mit 100 multipliziert die Zugfestigkeit der jeweiligen Schraube in N/mm^2 an. Bei 8.8 ergibt sich also 800 N/mm^2. Wird die Schraube über diesen Wert hinaus belastet, kann sie reißen. Mithilfe der Zahl hinterm Komma lässt sich die Streckgrenze errechnen. Sie wird mit der Zahl vor dem Komma und dann mit 10 multipliziert. In unserem Fall also 8 x 8 x 10 macht 640 N/mm^2. Wird dieser Wert überschritten, entsteht an der Schraube eine bleibende Verformung. Wem das alles zu kompliziert ist, der sollte einfach darauf achten, dass er beim Ersetzen von Schrauben keine aus einer niedrigeren Festigkeitsklasse nimmt, also keine Schraube der Klasse 8.8 durch eine 4.6er ersetzt.

Metrische Gewinde

Aber Schrauben haben nicht nur einen Kopf, sondern auch einen Bolzen mit einem Gewinde. Und um uns Schrauber zu ärgern, gibt es natürlich verschiedene Arten von Gewinden. Sofern es sich um ein europäisches Fahrzeug handelt, das nicht von einem Inselvolk zusammengeschraubt wurde oder vor 1973 als Volvo auf die Welt kam, überwiegt das metrische ISO-Gewinde (siehe Skizze oben und Tabelle links). Wenn der Werkstattmeister seinem Auszubildenden zuruft, »Bring mal eine 6er-Schraube«, erwartet er eine Schraube mit der

Das Thema Schrauben und Gewinde ist vielfältiger, als sich die meisten vorstellen können

Früher wurde oft ein Federring als Sicherungselement für Schraubverbindungen verwendet, doch er versagt bei hochfesten Verbindungen. Die zugehörige DIN-Norm 127 wurde zurückgezogen

Auch möglich: Keilsicherungsscheiben nach DIN 25201, speziell für dynamische Belastungen. Bei Schrauben-Mutter-Verbindungen muss je ein Paar unter die Schraube und die Mutter

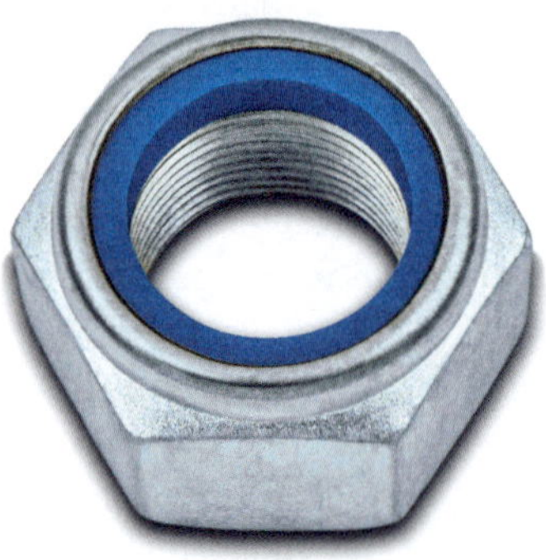

Auf solche selbstsichernden Muttern trifft man bei Klassikern älteren Datums selten. Ein Polyamidring dient hier als Klemmteil. Die Mutter gehört zur Kategorie Verliersicherung

Gewindebezeichnung M6. M steht für metrisch, und wie aus der erwähnten Tabelle zu erkennen ist, hat diese Schraube, sofern es sich um eine mit Sechskantkopf handelt, die Schlüsselweite 10. Bei sehr alten oder französischen Fahrzeugen kann es Abweichungen von der heute üblichen, einer bestimmten Gewindegröße zugeordneten Schlüsselweite geben.

Die Steigung des Gewindes (P) beträgt für die 6er-Schraube laut Tabelle auf der vorigen Doppelseite 1 mm, ist sie kleiner, handelt es sich um ein Feingewinde. Das ist aber am Auto seltener anzutreffen. Schrauben mit Feingewinde sind von Vorteil, wenn etwas feiner justiert werden muss. Sie sind aber auch wegen ihres größeren Kerndurchmessers höher belastbar.

Nicht jede Schraube oder Mutter hat übrigens Rechtsgewinde. Um ein ungewolltes Lösen beim Fahren zu verhindern, werden an manchen Fahrzeugen wie einem Alfa Romeo Montreal die Räder der rechten Seite von Muttern mit Linksgewinde gehalten. Auch bei Spannern wie jenem beim Porsche 944 S2 oder 968 für den Keilriemen gibt es ein Linksgewinde. Dumm, wenn man das nicht weiß und falsch herum dreht.

Englische Gewinde

Als chaotisch empfinden nicht nur Laien die diversen Gewinde bei den Zollschrauben englischer und amerikanischer Autos. Die Engländer hatten bis Mitte der 50er-Jahre sogar Schraubenschlüssel mit Größenangaben, die nichts mit der tatsächlichen Schlüsselweite zu tun hatten, sondern sich auf den Gewindeaußendurchmesser der Schraube bezogen, die man damit drehen konnte.

Zum Glück mussten sich die Briten auf das SAE-System der Amis umstellen, und dann hatte ein 3/8-Zoll-Schlüssel auch tatsächlich die Schlüsselweite 3/8 Zoll. Die neuen Gewinde hießen nun UNC (United National Coarse Thread), ein Grobgewinde entsprechend dem ANC (American National Coarse Thread), sowie UNF (United National Extra Fine Thread), entsprechend dem Feingewinde ANF (American National Fine Thread).

Gerne wird vergessen, dass der Drehmomentschlüssel ein Präzisionswerkzeug ist und entsprechend behandelt werden sollte

Zwei Varianten, um eine Schraubverbindung zu sichern, an einem Ford: Kronenmutter mit Splint und Sechskantschraube mit Sicherungsblech

Schraubenausdrehersatz für verschiedene Gewinde

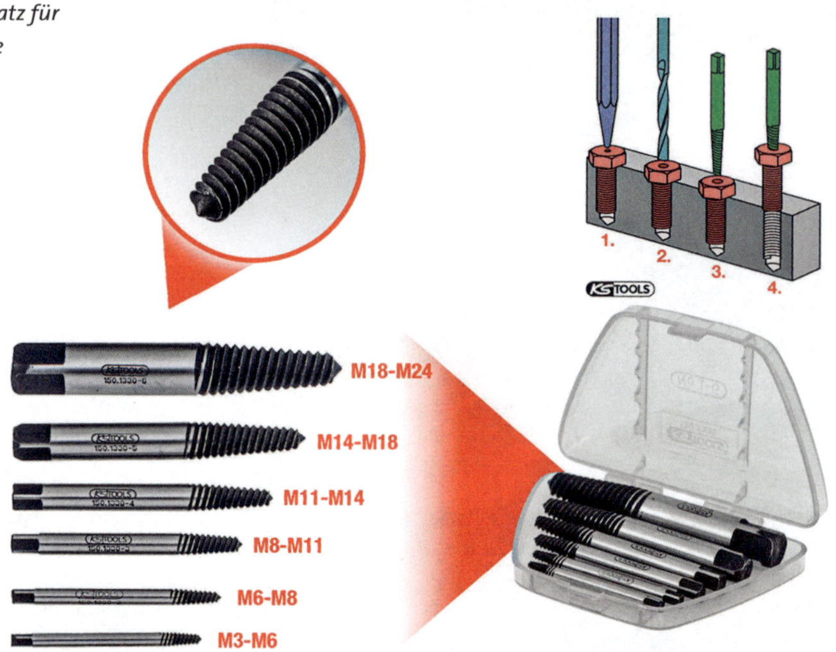

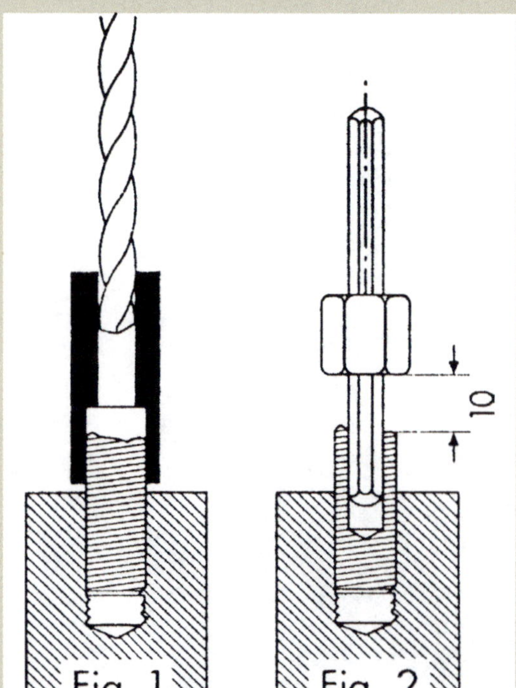

Schematische Darstellung zum Lösen eines Bolzens mit einem Bolzenausdreher

Beim Bohren des Bolzens hilft eine Führungshülse

Wenn die Schraube oder der Bolzen bricht

Es gehört zu den weniger schönen Augenblicken beim Schrauben, wenn plötzlich ein Gewindebolzen oder eine Schraube abreißt. Selten ragt dann ein Stück des Bolzens so weit hervor, dass man an ihm die unterschiedlichsten Tricks ausprobieren kann, um ihn zu lösen. Und ein Hobby-Schrauber hat da ganz schön viel Fantasie, die reicht von überdimensionalen Rohrzangen bis hin zum Anschweißen eines größeren Metallteils, um besser zupacken zu können. Aber meist steckt das restliche Teil tief und schlecht erreichbar in irgendeinem Gewinde.

Die Werkzeugindustrie bietet etliche Möglichkeiten an, den verflixten Bolzen herauszubekommen. Eine davon ist links zu sehen. Sie zeigt den Einsatz eines Schraubenausdrehers, wie er beispielsweise bei KS Tools in Heusenstamm (www.kstools.com) zu haben ist. Man kann damit auch Sechskantschrauben mit rund gedrehten Köpfen lösen, weshalb auf der Skizze oben rechts eine vollständige und keine abgerissene Schraube dargestellt wurde.

Zuerst wird die Mitte der Schraube beziehungsweise des Bolzens angekörnt, dann mit einem Spiralbohrer gebohrt. Die Größe des Bohrers richtet sich nach der Größe des Schraubenausdrehers. Diese gibt es für verschiedene Gewindegrößen. Man kann sie einzeln oder aber im Satz erwerben. Für Rechtsgewinde wird ein Linksausdreher benötigt. Den dreht man dann links herum mit einem Windeisen in das gebohrte Loch, und wenn alles gut geht, dreht sich dann die abgerissene Schraube beziehungsweise der Bolzen heraus.

Ein ähnliches Verfahren zum Lösen widerspenstiger Bolzen ist links auf den Fotos dargestellt, die von der Firma Hazet in Remscheid (www.hazet.de) zur Verfügung gestellt wurden. Allerdings muss für die Anwendung dieses Werkzeugs der Bolzen aus dem Bauteil herausragen.

Eine über den Bolzen geschobene Anbohrhülse hilft, den Bohrer exakt mittig anzusetzen und verhindert ein Abrutschen beim Bohren. Man sollte den größtmöglichen Bohrer verwenden. Danach wird mit dem Hammer ein Bolzenausdreher in das gebohrte Loch geschlagen. Dieser Ausdreher ist so geformt, dass man über ihn eine geriffelte Mutter schieben kann, und wenn diese gedreht wird, nimmt sie den Bolzen mit. Bei Rechtsgewinde muss natürlich zum Lösen links herum gedreht werden. Dabei sollte die Mutter beim Drehen etwa zehn Millimeter oberhalb des Bolzenendes angesetzt werden.

Einschlagen des Bolzenausdrehers mit einem Hammer

Die übergestülpte Mutter wird links herum gedreht

Mechanischer Muttersprenger. Mit einer Knarre wird über einen Bolzen ein Keil in die Mutter gedrückt

Die Mutter ist geschwächt und geweitet, sie lässt sich leichter lösen, das Bolzengewinde bleibt unberührt

Das BSW-Gewinde (British Standard Whitworth) fand bis in die 50er-Jahre Verwendung. Außerdem kann man an britischen Klassikern auf BSF-Gewinde (British Standard Fine), und an Teilen, die Öl und Benzin führen, auf BSP- (British Standard Pipe) und BSPT-Gewinde (British Standard Pipe Taper) stoßen. Und um die Verwirrung komplett zu machen, gab es an Morris-, Wolseley- und MG-Motoren auch noch Whitworth-Gewindeschrauben mit metrischen Kopfgrößen. Alles klar?

Wechseln wir lieber das Thema. Eine geschraubte Verbindung wird durch die Vorspannkraft zusammengehalten. Wird die Schraube oder Mutter zu schwach angezogen, kann sie sich lösen. Bei besonders wichtigen Schraubverbindungen geben die Autofirmen daher Anzugsmomente vor. Um sie einzuhalten, ist ein Drehmomentschlüssel nötig – ein Präzisionswerkzeug.

Der Drehmomentschlüssel sollte nie wie eine normale Umschaltknarre eingesetzt werden. Er darf zum Beispiel niemals wegen seines langen Hebels zum Lösen von Schraubverbindungen verwendet werden. Beim Festziehen mit dem eingestellten Drehmomentwert darf es nur einmal knacken. Um ein optimales Ergebnis zu erzielen, dürfen die Schrauben nicht verrostet oder verschmutzt sein, weil dies die Reibung und damit den Widerstand beeinflusst. Und damit der Schlüssel immer genau arbeitet, sollte er ab und zu im Fachhandel kalibriert werden.

Das ungewollte Lösen von Schraubverbindungen lässt sich nicht nur durch das Anzugsmoment beeinflussen. Es gibt auch eine Vielzahl von Schraubensicherungen zum Erhalten der Vorspannkraft, und irgendeine davon hat mit Sicherheit schon jeder mal in der Hand gehabt. Wer sich genauer mit dem Thema befasst, merkt schnell, dass es komplizierter ist als gedacht. Denn es gibt viele verschiedene Sicherungsmethoden, die das Lösen der Schraubverbindung oder das Lockern aufgrund von Vibrationen verhindern sollen. Auch eine Sicherung mit chemischer Hilfe in Form von Klebern ist möglich. Einige traditionelle Sicherungsmethoden wie solche mit Feder- oder Zahnscheiben haben sich zumindest für hoch belastete Verbindungen (Schrauben 8.8 und höher) als untauglich erwiesen.

Eines sollte man letztlich beherzigen: Wenn man irgendwo am Auto eine Schraubverbindung löst, die gesichert ist, sollte dies bei der Montage wieder berücksichtigt werden. Noch ein Wort zur Kontermutter: Das Kontern geschieht, indem zwei auf einem Gewindebolzen sitzende Muttern gegeneinander verspannt werden, was im Prinzip auch eine allerdings selten genutzte und bedingt taugliche Sicherung für eine Schraubverbindung darstellt. Damit kann man auch versuchen, abgerissene Stehbolzen (siehe Infokasten auf der linken Seite) loszudrehen, wenn die verbliebene Bolzenlänge dafür ausreicht.

Gewindereparatur (Quelle Hazet):

1. Aufbohren des beschädigten Gewindes
2. Schneiden eines Aufnahmegewindes mit einem Gewindebohrer unter Verwendung von Schneidöl
3. Gewindeeinsatz auf spezielles Werkzeug montieren, Mitnehmerzapfen muss in Nutöffnung sitzen
4. Gewindeeinsatz eindrehen
5. Nach dem Einbau das Eindrehwerkzeug herausnehmen und den Mitnehmerzapfen mit dem Zapfenbrecher entfernen

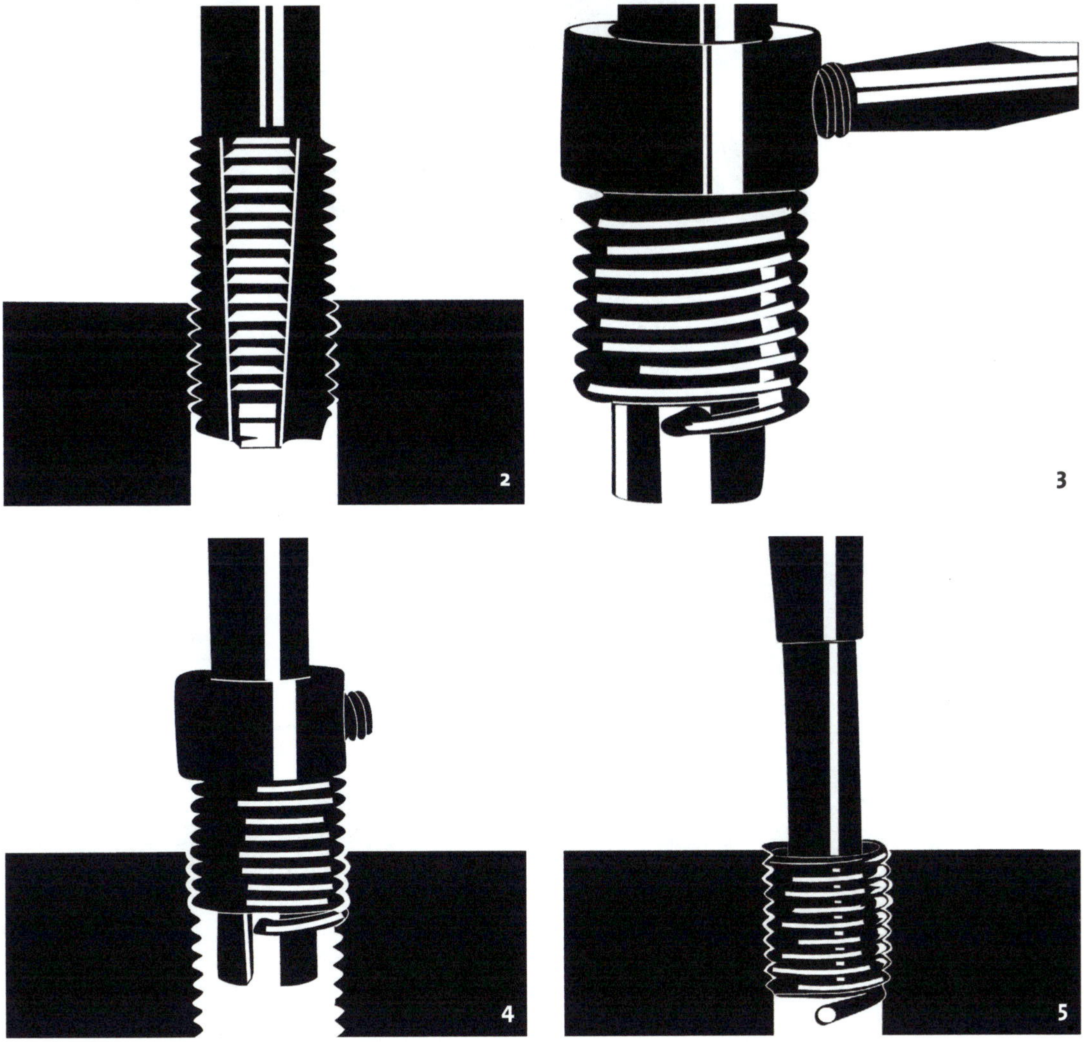

Gewindeschneiden: Links Schneideisen für Außengewinde, rechts Schneiden eines Innengewindes, dies geschieht in drei Stufen mit drei verschiedenen Schneidern

Gewinde & Lager

Das Brechen eines Bolzens oder einer Schraube beim Losdrehen ist ja immer der Super-GAU. Wer festgerostete Schrauben mit Rostlöser einsprüht und lange wirken lässt, oder versucht, mit zwei Hämmern (einer zum Gegenhalten) die Mutter etwas zu strecken, kann dies vielleicht verhindern. Wenn möglich, kann man die Mutter mit dem Schweißbrenner erhitzen, damit sie sich dank Materialausdehnung lösen lässt.

An einem Auto gibt es verschiedene Arten von Wälzlagern, abgebildet ist ein Kugellager

Das Foto zeigt zwei Gleitlagerhälften eines Pleuellagers bei einem V8-Motor

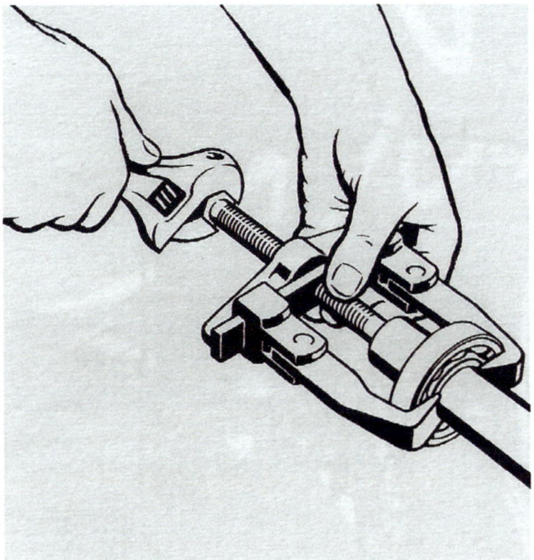

Wälzlager auf Wellen kann man mit einem Abzieher ausbauen, angesetzt am Innenring

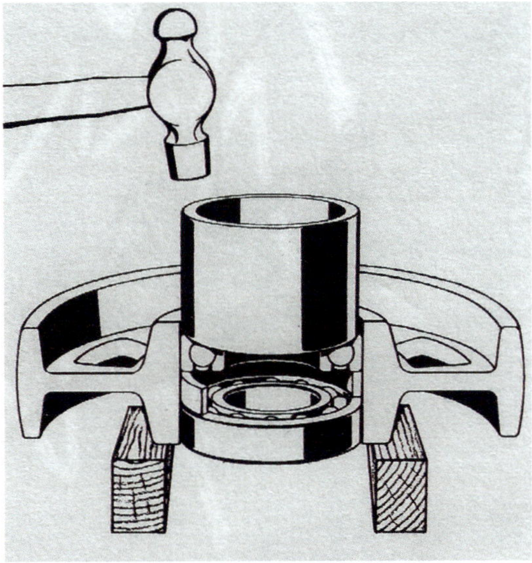

Die Schläge auf ein Rohrstück auf dem Außenring treiben das Lager aus dem Gehäuse

Lagerausführungen

Widmen wir uns noch kurz einem anderen Maschinenelement, das in verschiedenen Ausführungen an Fahrzeugen zu finden ist, nämlich dem Lager. Eines davon ist das Wälzlager. Es wird beispielsweise als Radlager oder als Ausrücklager der Kupplung eingesetzt, sehr selten als Kurbelwellenlager. Es besteht aus zwei Laufringen, den Wälzkörpern und dem Käfig. Die Wälzlager können Kugeln sein, dann spricht man von einem Kugellager oder Rillenkugellager. Kegelrollen als Wälzkörper finden für Radlager Verwendung, da sie neben radialen auch seitliche Kräfte aufnehmen können. Es gibt noch viele andere Bauarten. Da ein Wälzlager in der Regel ein Normteil ist, besteht die Chance, auch für alte Autos Ersatz zu finden.

Sind die Wälzlager verschlissen, bekommen sie Spiel, laufen geräuschvoll und werden warm. Sie zu wechseln ist nicht ganz einfach, denn sie sitzen fest auf einer Welle oder in einem Gehäuse. Man spricht in diesem Fall von einer Presspassung, die einem Monteur das Leben schwer machen kann. Um ein Lager von einer Welle zu bekommen, kann ein am Innenring des Lagers angesetzter Abzieher hilfreich sein. Notfalls kann man es auch durch Hammerschläge auf einen abgerundeten weichen Metalldorn versuchen, der wiederum an den Innenring gesetzt wird.

Beim Ausbau von Lagern im Gehäuse wird der Dorn auf den Außenring gehalten, oder dort ein passendes Rohrstück angelegt. Mithilfe einer hydraulischen Presse geht der Ausbau natürlich viel bequemer. Der Einbau ist schwieriger, wegen der Presspassung, und weil das Lager nicht beschädigt werden sollte. Bei der Montage eines Lagers auf eine Welle hilft es, wenn das Lager vorher in einem Ölbad auf 80 bis 90 Grad erwärmt wird. Das Lager sollte dabei nicht auf dem Boden des Gefäßes liegen, sondern auf Distanzklötzchen. Und bei der Montage niemals mit dem Hammer direkt auf das Lager schlagen. Ein in einem Gehäuse sitzendes Lager lässt sich leichter montieren, wenn es vorher in die Gefriertruhe gelegt wird und dadurch etwas schrumpft.

Von ganz anderer Art sind Gummi-Metall-Lager, die vorzugsweise im Fahrwerksbereich Verwendung finden. Sie dämpfen dort uner-

Für moderne Fahrzeuge hat Hazet Werkzeuge für den Ausbau von Silent- und Radlagern

Silentbuchse oder Gummi-Metall-Lager, Gummi zwischen zwei Metallhülsen

> **Tipp**
>
> Wer mehr über das Thema Verbindungselemente oder Lager wissen möchte, muss zu entsprechender **Fachliteratur** greifen. Das Standardwerk ist »Dubbel – Taschenbuch für den Maschinenbau«, das seit über 100 Jahren immer wieder aktualisiert aufgelegt wird und mittlerweile über 2000 Seiten umfasst. Ferner gibt es das »Tabellenbuch Metall« und das Werk »Maschinenelemente« von Roloff/Matek. Aber auch Werkzeuglieferanten bieten viel Infomaterial auf ihren Websites zum Lesen beziehungsweise zum Download, so zum Beispiel das Technikportal der Firma Würth unter **www.wuerth-industrie.com**

wünschte Schwingungen und Geräusche und dienen als Lager für Hilfsrahmen, Achskörper, Stabilisatoren oder werden für die Blattfederaufhängung genutzt.

Man nennt sie Silentbuchsen, wenn es sich um zwei ineinandersteckende Metallhülsen handelt, zwischen denen sich ein Gummielement befindet, das an die Buchsen anvulkanisiert wurde. Die Silentbuchsen nehmen radiale und axiale Kräfte auf.

Sie zu wechseln ist immer mit Arbeit verbunden, denn sie stecken fest in irgendwelchen Bauteilen. Wir treffen hier auf die bereits erwähnte Presspassung.

Man braucht also wieder Werkzeuge, mit denen sich große Kräfte erzeugen lassen, wie Spindel- oder Hydraulikpressen. Lässt sich das entsprechende Bauteil demontieren und ist einigermaßen kompakt, kann man versuchen, mithilfe eines passenden Rohrstücks oder einer großen Knarrennuss sowie eines stabilen Schraubstocks die alte Silentbuchse aus- und die neue einzupressen. Bei Achslagern wie zum Beispiel dem Tonnenlager an der Hinterachse eines BMW E30 kann man sich mit einem

Typischer Einsatz für eine Silentbuchse ist im Auge am Ende einer Blattfeder

Demontage eines Gummi-Metall-Lagers am Fahrwerk eines BMW mithilfe eine Abziehers

Abzieher bei der Demontage behelfen (siehe Foto oben auf dieser Seite).

Ganz gleich, um welche Art von Gummi-Metall-Lager oder Gummi-Metall-Dämpfer es sich handelt, oder ob es nur reine Gummilager sind wie für Querstabilisatoren, grundsätzlich sollten sie regelmäßig geprüft werden. Denn der Gummi altert und wird porös, oder er leidet unter Umwelteinflüssen durch Hitze oder Streusalz. Da ihm auch Öl nicht guttut, fällt der Schmierstoff als Montagehilfe aus. Da bietet sich eher eine Seifenlösung an.

Zum Abschluss noch einige Worte zu den Gleitlagern, damit Sie zumindest schon mal etwas davon gehört haben. Diese Lager verbergen sich in den Motoren unserer Autos. Sie dienen dort zum Beispiel als Kurbelwellenlager. Die Lagerung beruht auf dem Prinzip der Flüssigkeitsreibung, bei der durch hydrodynamischen Druckaufbau des Schmieröls zwischen Lager und Wellenzapfen keine direkte metallische Berührung mehr stattfindet, sodass die gesamte Lagerlast vom Druck im Schmieröl getragen wird. Zwischen den Gleitflächen entsteht ein Schmierkeil, für dessen Bildung die Viskosität des Öls, das richtig bemessene Lagerspiel und vor allem eine ausreichende Ölzufuhr ausschlaggebend sind.

Wichtig zu wissen für den Laien ist die Tatsache, dass es zu Verschleiß an den Lagern kommen kann, der sich beispielsweise in Form von Riefen zeigt oder in Verfärbungen und Rissen aufgrund von Überhitzung. Auf jeden Fall lassen sich defekte Gleitlager im Rahmen von Motorüberholungen ersetzen.

In moderneren Motoren finden sich Dreischichtlager, während es in sehr alten Triebwerken gegossene Lager aus Weißmetall sind. Gehen die kaputt, müssen sie neu angefertigt werden. Eine Umrüstung auf modernere Lager ist nicht ratsam, weil diese in ihrer Härte auf gehärtete Wellen abgestimmt sind und unter starkem Verschleiß durch Schmutz und Abrieb leiden würden, die sich bei alten Motoren ohne Ölfilter im Hauptstrom im Schmieröl befinden.

An dieser Stelle endet unser Ausflug in die Mechanik, den Wissensdurstige aber problemlos noch fortsetzen können. Die nötigen Wegweiser finden Sie im Tipp links oben auf dieser Seite. ■

Es gibt nichts, was es nicht gibt

Wohl jeder, der einen Oldtimer besitzt, wird sich irgendwann in der Situation wiederfinden, ein dringend benötigtes Ersatzteil nicht auf Anhieb auftreiben zu können. Dann heißt es cool bleiben. Schließlich hat sich bislang noch für jedes Problem eine Lösung finden lassen.

Text Klaus Finkenburg · **Fotos** Archiv, Shutterstock (1)

Zwischen dem Teilekauf beim ***Vertragshändler*** *und dem Stöbern auf Teilemärkten liegen Welten*

Einem weitverbreiteten Irrtum zufolge besteht in Deutschland so etwas wie eine Ersatzteilbeschaffungspflicht, die für die Hersteller hochwertiger technischer Produkte, ähnlich wie es bei der gesetzlichen Gewährleistung der Fall ist, für eine bestimmte Zeit bindend ist. Gehandelt werden hier Fristen von bis zu 20 Jahren. Tatsächlich existiert eine entsprechende Regelung nicht, weder in heimischen Landen noch im Dickicht der EU-Regulierungen. Insbesondere bei schnelllebigen Gebrauchsgütern, die bereits nach kurzer Zeit technisch überholt sind, etwa Computern oder so manchem Haushaltsgerät, würden entsprechende Vorgaben auch etliche Anbieter überfordern oder zumindest die Preise der Produkte dramatisch in die Höhe klettern lassen.

Allerdings geht die Rechtsprechung auf Basis des Paragrafen 242 BGB (»Leistung nach Treu und Glauben«) davon aus, dass hochwertige Produkte wie Kraftfahrzeuge auch ohne ausdrückliche Vereinbarung eine gewisse Zeit lang zu funktionieren haben, was die Versorgung mit Verschleiß- und Ersatzteilen selbstverständlich mit einschließt. Bei Neuwagen werden aktuell Werte zwischen 10 und 15 Jahren als angemessen betrachtet.

*Austauschteile, hier die **Lichtmaschine** eines Jaguar E-Type, sind günstiger als echte Neuteile*

*Chromleisten und **Zierteile** sind das Tüpfelchen auf dem i und mitunter nur schwer aufzutreiben*

*Manche **Karosserieteile**, hier die Heckpartie eines »Brezelkäfers«, werden in Gold aufgewogen*

*Immer wieder stöbern Teilehändler Kostbarkeiten auf, hier neue **Sitzbezüge** beim »Franzosen«*

ES GIBT NICHTS, WAS ES NICHT GIBT

Oldtimer-Teile als Geschäftsfeld

Da immer mehr Autos den Sprung vom alten Nutz- zum Liebhabergegenstand schaffen, ist es damit aber nicht vorbei. Oft nämlich werden sie sehr bald für die Hersteller wieder interessant, die nunmehr an erhaltenden Maßnahmen verdienen und zugleich ein traditionsverwurzeltes Image pflegen können. Immer mehr Pkw-Anbieter betreiben daher eigene Klassikabteilungen – die sich auch um die Versorgung mit Ersatzteilen

Ersatzteile: Hier werden Sie fündig

- ☐ **Vertragswerkstatt**
  Zumindest bei Youngtimern kann eine Anfrage beim Händler vor Ort durchaus lohnen. Mitunter sind hier noch Restbestände im Lager oder es gibt Gleichteile mit neueren Fahrzeugmodellen. Tipp: Altteil mitbringen.
- ☐ **Classic-Center der Automarken**
  Die meisten großen Fahrzeughersteller bieten heute einen eigenen Teileservice für Oldtimer an. Hier werden neben Restbeständen auch Nachbauten von häufig benötigten Teilen angeboten, das Preisniveau ist aber mitunter sehr hoch, Vergleiche können sich lohnen.
- ☐ **Freie Teilehändler**
  Es gibt zahlreiche große Anbieter, per Internetrecherche oder Blick in den Kleinanzeigenteil von Motor Klassik leicht zu finden. Oft arbeiten diese marken- oder modellgebunden. Hier ist von Nachbauten bis Gebrauchtteilen alles zu finden, auch unbenutzte Neuteile aus alten Lagerbeständen, sogenannte NOS-Teile.
- ☐ **Zubehöranbieter**
  Insbesondere Reifen, aber etwa auch Stoßdämpfer, Auspuff- oder Bremsenteile können außer über Oldtimer-Spezialisten oft auch über die entsprechenden Zubehörproduzenten oder im freien Handel bezogen werden.
- ☐ **Kleinanzeigen**
  Es schadet nicht, neben dem Anzeigenteil von Motor Klassik lokale Blätter, die Kleinanzeigen von Tageszeitungen oder Pinnwände zu durchforsten. Zur gezielten Suche taugt dies weniger, aber immer mal wieder lassen sich hier echte Schnäppchen finden, bis hin zum Komplettfahrzeug als Teilespender.
- ☐ **Verkaufsplattformen**
  Nicht nur viele Teilehändler, auch Privatleute bieten bei Ebay und Co. alles an, was nicht niet- und nagelfest ist. Um einen Überblick über die Marktsituation zu bekommen, taugen solche Plattformen allemal, zur unterhaltsamen Schnäppchenjagd ebenfalls.
- ☐ **Clubs und Interessengemeinschaften**
  Manche Klassikervereinigungen bieten nicht nur Veranstaltungen und Erfahrungsaustausch, sondern kümmern sich auch um die Ersatzteilbeschaffung. Einige Clubs betreiben eigene Teilelager, andere ermöglichen durch Sammelbestellungen Rabatte oder Sonderkonditionen für ihre Mitglieder.
- ☐ **Teilemärkte**
  Es muss nicht die zweimal jährlich veranstaltete Veterama sein, mit mehr als 4000 Ausstellern heute der größte Oldtimer-Markt Europas. Es kann sich auch lohnen, auf einem der zahlreichen kleineren Teilemärkte oder auf lokalen Flohmärkten herumzustöbern.
- ☐ **Schlachtfahrzeug**
  Wer ausreichend Platz hat, kann ein oder mehrere Fahrzeuge als Teilespender anschaffen. Der Preis muss aber stimmen, der Zustand benötigter Teile sollte vorab gecheckt werden. Oft nämlich sind es immer dieselben Komponenten, die an einem Fahrzeug eines Typs Sorgen bereiten.
- ☐ **Individuelle Nachfertigungen**
  Manchmal sehr teuer, aber oft der letzte Ausweg. Karosserieteile können von Hand gedengelt, Metallteile nach Vorlagen gegossen werden. Kleinere Teile werden immer häufiger auch per 3-D-Druck hergestellt.

Auf **Oldtimer-Messen** (unten) können Teile direkt begutachtet werden. Dennoch läuft ein großer Teil der Verkaufsgeschäfte heute übers Internet

Das traurige Ende: Teilespender auf einem ***Autofriedhof****. Steril wie im OP-Saal wirken dagegen die Porsche-Teile auf der Techno Classica 2016*

kümmern. Unter anderem können hier auf Grundlage Unter anderem können hier auf Grundlage der ursprünglichen Pläne und oft unter Verwendung alter Originalwerkzeuge neu hergestellte Teile erstanden werden.

Die Qualität ist meist sehr hoch, was aber oft auch für die Preise gilt. Außerdem findet sich hier bei Weitem nicht jedes Teil, das benötigt werden könnte. Dennoch stellen der Fahrzeughersteller beziehungsweise seine Niederlassungen normalerweise eine der ersten Anlaufstellen bei der Suche nach Teilen dar, insbesondere wenn es um höherwertige Fahrzeuge geht. Die bekanntesten Beispiele für entsprechende Traditionspflegeabteilungen sind Porsche und Mercedes.

Der Betrieb einer eigenen Klassikersektion gehört bei den Premium-Herstellern beinahe zum guten Ton

Audi, BMW und VW zeigen sich hier ebenfalls sehr aktiv. Auch bei anderen Fahrzeugherstellern macht eine Anfrage Sinn. Selbst dann, wenn keine Teile mehr hergestellt werden, können Oldtimer-Besitzer hier fündig werden, oft nämlich liegen irgendwo noch Altteile herum. Zumindest mancher Youngtimer ist so wieder flott geworden.

Guter Rat ist unbezahlbar

Eine ganze Reihe von Teilehändlern kaufen derartige Restbestände gezielt auf, entsprechende Shops sind über Inserate im Anzeigenteil von Motor Klassik oder via Internetrecherche zu finden. Üblicherweise beschränken sich diese Händler auf einzelne Fahrzeugmarken oder auf Teile für Klassiker aus bestimmten Ländern, etwa Frankreich oder England. Gegen solche NOS-Teile (New Old Stock, neu aus altem Lagerbestand) ist auch nichts einzuwenden – sofern der Preis zum Teilezustand passt. Bei technischen Ersatzteilen müssen nämlich mitunter gealterte Gummi- oder Kunststoffelemente ersetzt werden, manche Blechteile sollten vor dem Einbau zunächst gründlich entrostet werden. Durchwachsen sieht es bei Nachbauten aus. Nicht alle Reparaturbleche, Interieur- oder Zierteile bieten die gewünschte Passgenauigkeit und Qualität, wobei es ohnehin besser ist, Teile persönlich abzuholen, als sie per Zustelldienst liefern zu lassen. So können sie vor dem Kauf mit Altteilen verglichen werden.

Tipps dazu, wo die Qualität stimmt, gibt es zum Beispiel in Internetforen. Mitglieder von Clubs können hier von den Erfahrungen von Clubkollegen und dem Wissen der Typreferenten profitieren.

Dieses umfasst oft auch Tipps zu Gleichteilen oder Teileähnlichkeiten. So passen häufig Komponenten wie Lichtmaschinen, Vergaser oder Türschlösser von anderen Fahrzeugen, oft können auch Anbauteile wie Anlasser oder Zündverteiler, eventuell unter Verwendung von Adaptern, verwendet werden. Bei manchen Fahrzeugen lassen sich durch den Einbau solcher Fremdteile sogar Schwächen ausmerzen, etwa indem eine anfällige Wasserpumpe durch ein besseres Exemplar ersetzt wird.

Selbst Blechteile können schon mal von Fremdfahrzeugen übernommen werden, etwa

Tipp

Nicht mehr hergestellte Ersatzteile können ins Geld gehen, und sie aufzutreiben, kostet mitunter viel Zeit. Zumindest für Clubs kann es sich daher lohnen, **Teile nachfertigen zu lassen**. Egal ob konventionelle Fertigungsverfahren oder 3-D-Druck: Je höher die Stückzahlen sind, auf die die Kosten einiger Grundschritte, wie das Herstellen einer Gussform oder das Einscannen und Erstellen einer digitalen Vorlage, umgelegt werden können, desto günstiger wird das einzelne Teil. Eventuelle Überbestände lassen sich oft noch mit Gewinn weiterverkaufen.

wenn der Radlauf eines bestimmten Modells dieselbe Krümmung wie ein nicht mehr aufzutreibendes Reparaturblech aufweist oder das Profil der Schweller zweier Fahrzeuge identisch ist. Wichtig zu wissen: Manche Standardteile haben genormte Maße, zum Beispiel Lager, Simmerringe oder Gummileisten. Diese gibt es im entsprechenden Fachhandel oft deutlich preisgünstiger als beim Oldtimer-Teilehändler.

Teile via 3-D-Druck oder Additive Manufacturing herzustellen, ist längst erschwinglich geworden

Teilesuche als Weg oder Ziel

Eine wichtige Teilequelle stellt der Gebrauchtmarkt dar. Erlebniswert hat der Besuch eines Teilemarkts, etwa der Veterama in Mannheim oder Hockenheim. Einen Überblick entsprechender Veranstaltungen gibt es im jährlichen Terminverzeichnis von Motor Klassik. Wer ausreichend Platz hat, schafft ein Schlachtfahrzeug an und kann an nicht benötigten Teilen womöglich noch etwas verdienen. Romantiker stöbern auf Schrottplätzen oder besuchen lokale Teile- und Flohmärkte. Nicht wenige Oldtimer-Liebhaber haben dies ins Virtuelle verlegt, also auf Internet-Verkaufsplattformen wie Ebay. Natürlich wird hier auch viel Ramsch verschachert. Doch immer mal wieder gibt es echte Schnäppchen zu ergattern. Wer in Überseeländern kauft, muss sich aber darüber klar sein, dass es schwer ist, bei juristischen Streitigkeiten Forderungen durchzusetzen. Nützlich ist Ebay auf jeden Fall: Wer eine Eingabe in die Suchmaske gemacht hat, also zum Beispiel »Türgriff MGB«, und anschließend neben dem »Finden«-Button auf »Erweitert« klickt, kann auf der nun folgenden Seite auswählen, dass lediglich verkaufte Artikel bestimmter, vorab auswählbarer Eigenschaften angezeigt werden. So lässt sich ein schneller Überblick zum Preisniveau sowie der Angebots- und Nachfragesituation im individuellen Fall erlangen. Wer Teile hortet, wird es zu schätzen wissen, dass diese üblicherweise über die Hausratversicherung abgedeckt sind, also etwa bei Brand und Diebstahl. Auch manche Oldtimer-Tarife der Kfz-Versicherungen schließen Ersatzteile mit ein. In beiden Fällen gibt es aber Obergrenzen beim Wert. Wichtig ist es daher, mit seiner Versicherung abzuklären, ob und bis

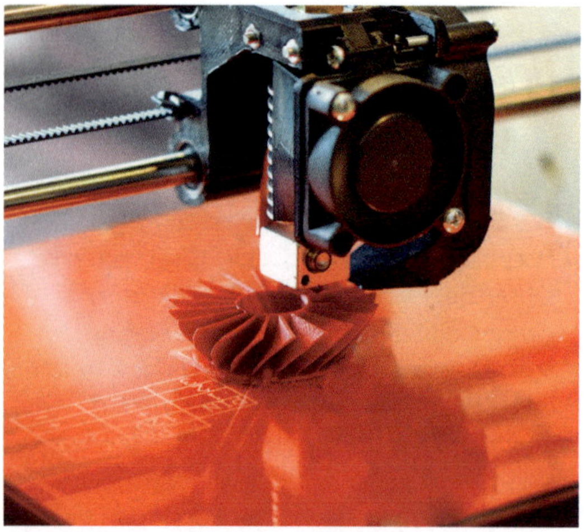

*Beim **3-D-Druck** wachsen Ersatzteile durch das schichtweise Auftragen von Material*

*Das Ergebnis, hier das Gehäuse eines **Kaltstartventils**, ist vom Original kaum zu unterscheiden*

*Verschleißteile wie **Oldtimer-Reifen** werden heute noch hergestellt, auch in unüblichen Dimensionen*

*Sogenannte **NOS-Teile** sind eigentlich neu, haben aber oft Jahrzehnte in einem Lager verbracht*

zu welcher Höhe Deckung besteht, beziehungsweise eine solche ausdrücklich zu vereinbaren. Wenn Teile absolut nicht aufzutreiben sind, bleibt noch der Weg, sie nachfertigen zu lassen. Noch relativ neu ist das Verfahren des 3-D-Drucks nach einer Vorlage, also zum Beispiel einem Altteil. Bei dieser auch »Additive Fertigung« genannten Methode erfolgt ein schichtweiser Aufbau des benötigten Teils, entweder aus flüssigen und später aushärtenden oder aus pulverförmigen Grundmaterialien. Durch chemische Prozesse oder thermische Behandlung, meist per Laser, entsteht aus diesen ein homogener Körper, der mechanisch und thermisch erstaunlich stabil sein kann. Mittlerweile richten sich eine Reihe von Anbietern ausdrücklich auch an Oldtimer-Besitzer. Recht preiswert ist es, Kunststoffteile herstellen zu lassen, wobei aus einer großen Bandbreite von Materialeigenschaften ausgewählt werden kann. Möglich ist es auch, Metallteile herzustellen, etwa aus Aluminium oder Stahl. Der Preis kann aber hoch sein, insbesondere dann, wenn Kantenlängen von 25 Zentimetern überschritten werden. Doch wie eingangs erwähnt: Unmögliches gibt es nicht, auch eine komplette Stoßstange lässt sich so nachfertigen. Der Preis sollte aber vorab kalkuliert werden. ■

So geht Elektrik

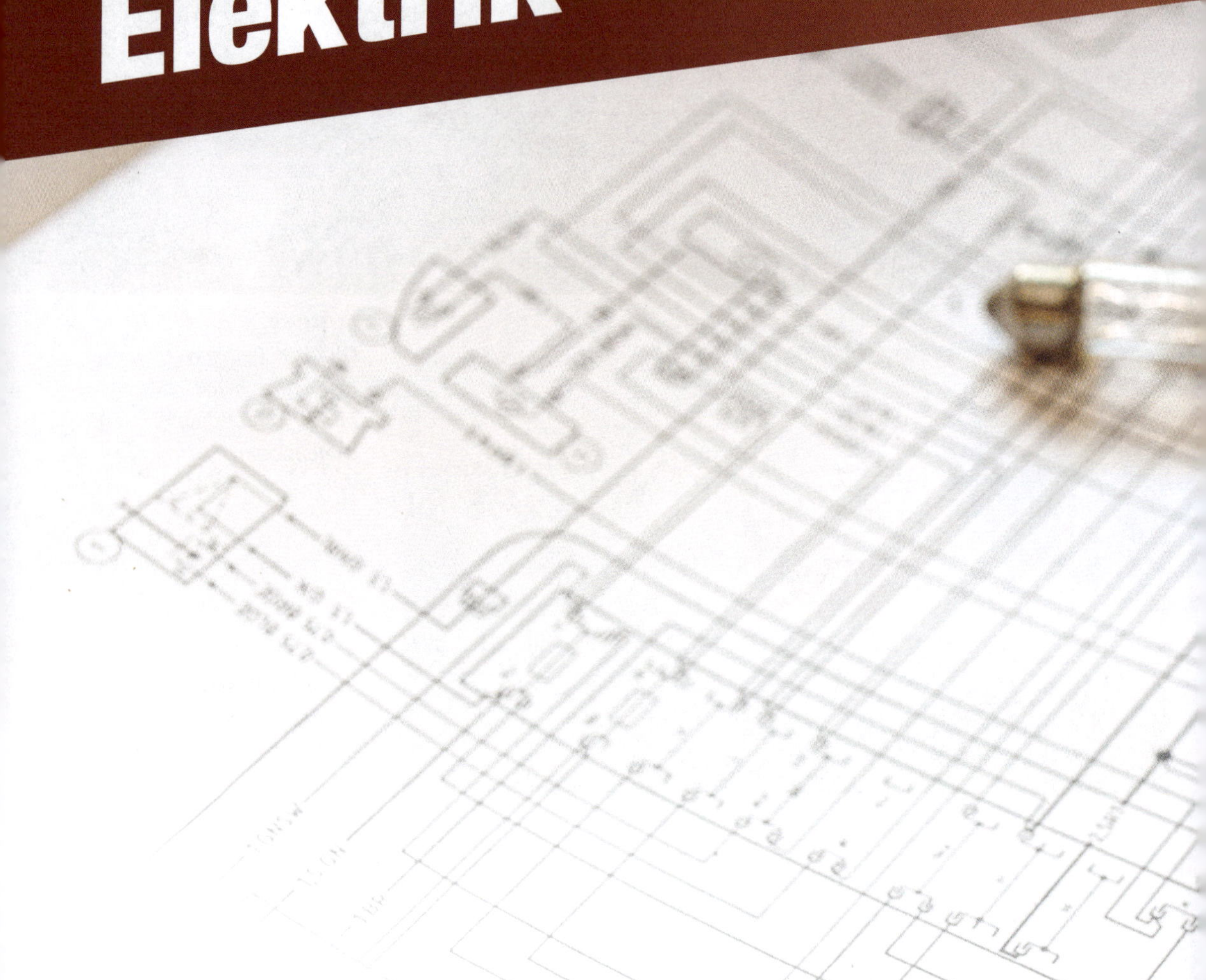

Viele Schrauber können mit Knarre, Hammer und Schraubendreher virtuos umgehen, bei Volt, Watt und Ohm werfen sie aber das Handtuch. Warum eigentlich? Zumindest die Elektrik älterer Klassiker ist mit etwas Mut und ein paar Grundkenntnissen leicht zu beherrschen.

Text Klaus Finkenburg · **Fotos** Getty Images, Uli Jooß, Daimler-Benz AG, Archiv

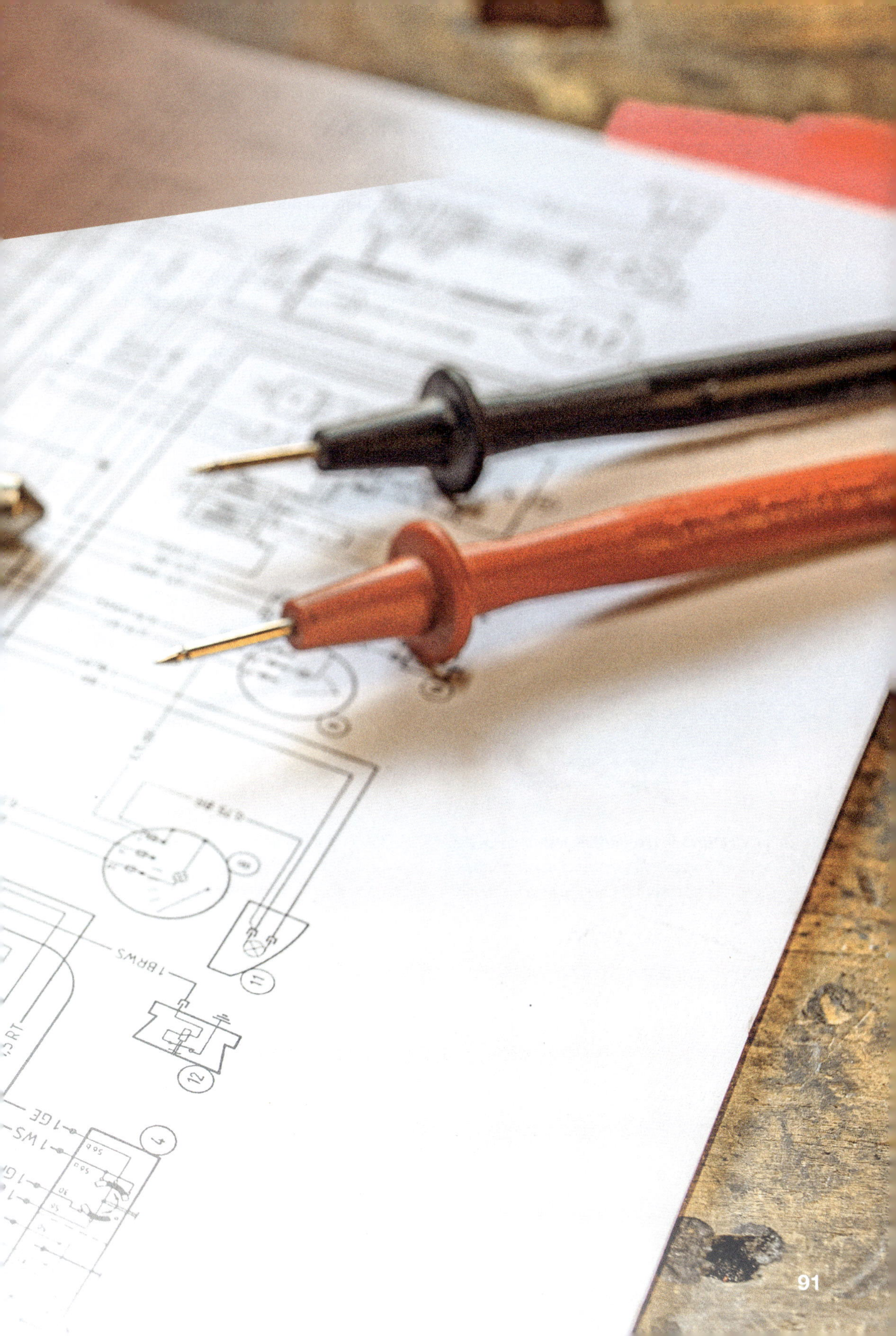

Ausfall einzelner Verbraucher beheben

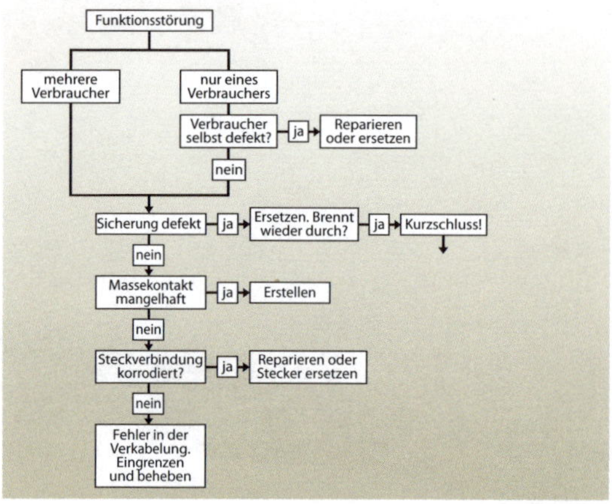

*Wenn im Auto nur ein **einzelnes Bauteil** streikt, ist die Ursache meist leicht zu finden. Wichtig ist es, bei der Ursachensuche streng systematisch vorzugehen*

Fehlerquelle bei totem Bordnetz eingrenzen

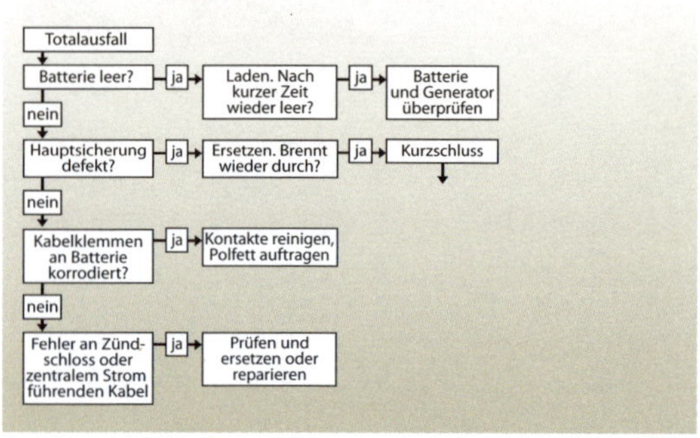

*Bei einem **elektrischen Totalausfall** gestaltet sich die Fehlersuche oft einfach, da die Ursache von vornherein an einer zentralen Stelle im Bordnetz zu vermuten ist*

Auslöser für Kurzschuss aufspüren

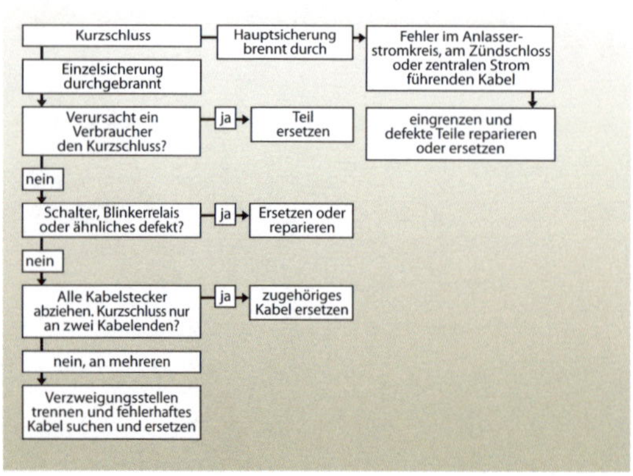

Ihr schlechter Ruf mag daher kommen, dass Elektrik gern mit Elektronik verwechselt wird, die, insbesondere wenn von geheimnisvollen Programmen und Betriebssystemen kontrolliert, oft ein Eigenleben fernab aller Logik entwickelt. Die elektrischen Anlagen älterer Autos sind aber in aller Regel weniger komplex. Was hier passiert, folgt fast immer einfachen Regeln. Allerdings mit einer Einschränkung: Etwa ab Mitte der 80er-Jahre begannen die Kabelbäume von Autos allmählich zu den reinsten Urwäldern zu verwuchern, auch die Zahl der Steuerschaltkreise nahm rasant zu, manche davon untergebracht in geschlossenen Gehäusen, deren Innenleben ein Geheimnis der Fahrzeughersteller war und blieb.

Bei Youngtimern stellen solche Blackboxen mittlerweile eine der am meisten gefürchteten Fehlerquellen dar. Von den Horrordimensionen heutiger Neufahrzeuge, in deren Blechnischen und Hohlräumen Dutzende von Steuergeräten und mehrere Kilometer Kabel gestopft werden, sind aber auch die jüngeren Klassiker noch weit entfernt. Eventuellen Elektromacken mit ein bisschen Respekt zu begegnen schadet nicht, falsche Scheu ist aber fehl am Platz. Schlimmstenfalls muss mal eine Blackbox von einem Spezialisten durchgecheckt oder repariert werden. Ansonsten gilt auch bei den meisten Fahrzeugen, die nach 1990 gebaut wurden: Der Grundaufbau ist relativ einfach – auch wenn manch einem beim ersten Blick auf die Verdrahtungspläne der Schreck durch die Glieder fährt.

Schaltpläne lesen lernen

Spätestens wenn umfangreichere Arbeiten anstehen, also etwa durchgescheuerte Kabel oder solche mit brüchig gewordener Isolierung ersetzt werden müssen, sind grundlegende Kenntnisse dazu ohnehin unerlässlich. Hilfreich ist es, sich immer vor Augen zu halten, dass ein Schaltplan nichts anderes ist als ein schematisiertes Abbild

*Ein **unerlaubter Massekontakt** ist manchmal nicht ganz einfach aufzuspüren. Auch hier führt systematisches Vorgehen aber früher oder später zum Ziel*

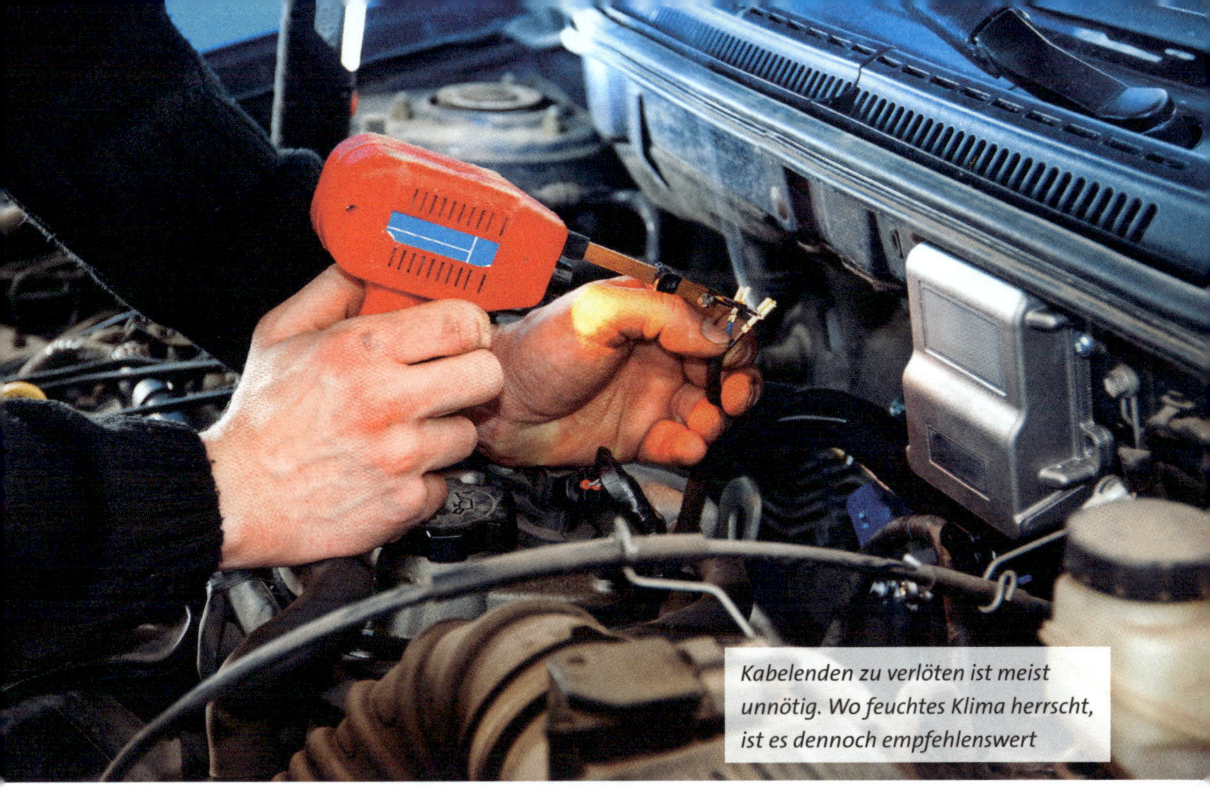

Kabelenden zu verlöten ist meist unnötig. Wo feuchtes Klima herrscht, ist es dennoch empfehlenswert

Störungen im Anlasserstromkreis

Wenn trotz ausreichender Stromreserven der **Anlasser nicht funktioniert**, können mehrere Ursachen vorliegen. Wird das eingeschaltete Abblendlicht während des Startversuchs merklich dunkler, liegt mit großer Wahrscheinlichkeit ein schlechter Plus- oder Massekontakt vor. Mittels einer zwischen Batterie und Anlassergehäuse sowie dem dicken Plusanschluss am Magnetschalter (im Schaltplan meist mit »30« gekennzeichnet) verlegten Leitung lässt sich dies prüfen. Bleibt das Licht hell, kann bei eingeschalteter Zündung mittels eines Schraubenziehers provisorisch eine Verbindung zwischen dem Anschluss »30« (Batterieplus) und dem meist seitlich davon befindlichen kleinen Steckkontakt hergestellt werden. Dieser im Schaltplan meist als »50« bezeichnete Anschluss führt zum Zündschalter im Fahrgastraum. Lässt sich der Motor auf diesem Weg starten, liegt ein Defekt am Starterschalter oder dessen Verkabelung vor. Klickt es im Motorraum deutlich hörbar, der Anlasser läuft jedoch nicht, sind in den allermeisten Fällen die Kontakte, über die der Magnetschalter den Startermotor mit Strom versorgt, defekt oder verschlissen. Mitunter hilft es dann, ein paarmal mit einem Hammer auf den Magnetschalter zu schlagen, um ihn vorübergehend zu reaktivieren. Seltener kommt es vor, dass es unter der Haube surrt, die Kurbelwelle sich aber nicht mitdreht. Dann kann es sein, dass die Verzahnung am Anlassermotor oder der Schwungscheibe defekt ist. Kleiner Trost: Der dann fällige Ausbau des Anlassers ist meist nicht sehr schwer.

*Meist ist der **Anlasser** schuld, wenn der Motor nicht startet*

der Wirklichkeit. Wichtig zu wissen: Nahezu alle Verbraucher nutzen als Verbindung zum Minuspol der Batterie das Metall von Karosserie beziehungsweise Rahmen, so kann die Zahl der erforderlichen Leitungen erheblich reduziert werden. Diese sogenannte Masse ist im Schaltplan durch ein Erdungssymbol dargestellt. Nur einige ältere englische und amerikanische Klassiker leisten sich hier eine Extrawurst, bei ihnen liegt Plus an Masse.

Auch das deutlich komplexere Bordnetz neuerer Klassiker ist im Detail betrachtet oft erfreulich simpel

Die Kabel im Auto besitzen üblicherweise Isolierungen unterschiedlicher Farben, die im Schaltplan dank entsprechender Abkürzungen der deutschen oder englischen Farbnamen wiedererkannt werden können. So lässt sich der Weg des Stromflusses ausgehend von der Batterie über Sicherungen, Schalter, Regler und Zuleitungen meist problemlos verfolgen. Bei vielen Pkw-Schaltplänen sind Elektrikkomponenten in etwa lagerichtig eingezeichnet, Scheinwerfer befinden sich also auf der einen, Rücklichter auf der anderen Seite, Zigarettenanzünder, Lüftungsbetätigung oder Fensterhebermotoren irgendwo dazwischen.

Störungen im Generatorstromkreis

*Die **Lichtmaschine** versorgt das Bordnetz im Auto mit Strom*

Tut sich nach Einschalten der Zündung überhaupt nichts, wird zunächst die Batterie geprüft und gegebenenfalls per Ladegerät in Form gebracht. Sicherheitshalber sollten ihre Anschlüsse gereinigt und mit Polfett behandelt werden. Mittels eines Multimeters lässt sich der Zustand grob prüfen: Bei einem Bleiakku sollte das Messinstrument bei ausgeschaltetem Motor eine Spannung zwischen rund 12,4 und etwas über 13 Volt anzeigen, liegt die Spannung wenige Stunden oder gar direkt nach dem Ladevorgang bei weniger als 12 Volt, steht ein Tausch der Batterie an. Leuchtet bei laufendem Motor die Ladekontrollleuchte, ist dies ein Hinweis auf einen fehlerhaften Generator oder Regler. Zur Kontrolle wird die bei laufendem Motor an der Batterie anliegende Spannung gemessen. Sie sollte im Leerlauf zwischen etwa 13,5 und 14,5 Volt liegen und bei Erhöhen der Drehzahl auf rund 4000/min in etwa konstant bleiben. Steigt die Spannung stark an, ist der Regler defekt und muss repariert oder ersetzt werden. Die Batterie würde ansonsten dauerhaft überladen. Auch wenn es bei der Messung keine Auffälligkeiten gab, ist es ratsam, das Multimeter auch mal an den Ausgangsklemmen der Lichtmaschine beziehungsweise, sofern nicht in dieser integriert, des Reglers anzuschließen. Zeigen sich hier deutliche Differenzen zur Messung an den Batteriepolen, stimmt etwas mit der Verkabelung zwischen Generator und Batterie nicht. Dann gilt es, Korrosion an Steck- und Schraubverbindungen zu entfernen und gegebenenfalls schadhafte Kabel zu ersetzen.

Invasion im Bordnetz

Ältere Klassiker sind aufgrund ihrer einfach aufgebauten Elektrik für Einsteiger beim Selberschrauben geradezu prädestiniert. So bestand der in aktuellen Fahrzeugen auf mittlerweile mehrere Kilometer Gesamtlänge angewachsene **Kabelbaum** einst aus gerade mal ein paar Dutzend Metern.

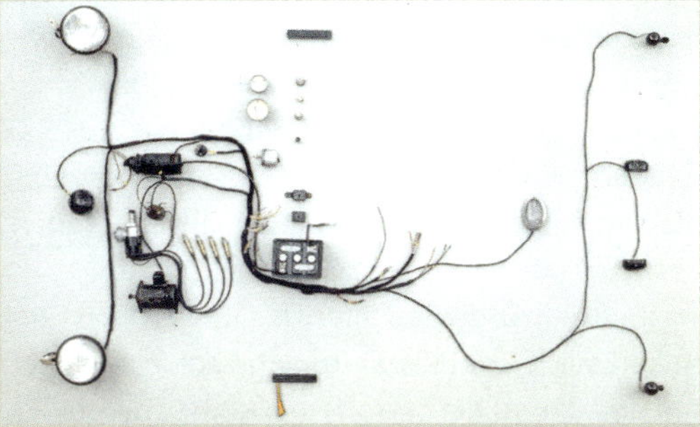

*Der **Mercedes 170 V** (1937 bis 1952) kann, was ein Auto können muss. Dennoch ist sein Bordnetz überschaubar*

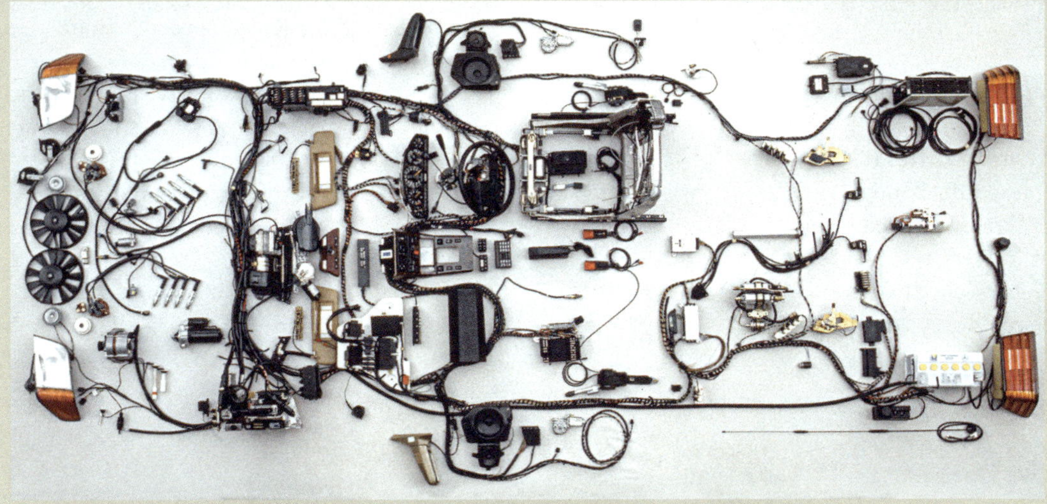

*Im rund 50 Jahre später produzierten **Mercedes 500 SL** Typ R 129 findet sich schon ein regelrechtes Kabeldickicht*

Dabei sind Bauteile oft recht realistisch dargestellt und sofort als Lampe, Zündspule oder Scheibenwischermotor zu erkennen. Manche Hersteller verwenden auch abstraktere Symbole, die gebräuchlichsten finden Sie auf diesen Seiten. Ein einfacher Kunstgriff, um sich auf einem Schaltplan zurechtzufinden, ist es, ein Lineal als Orientierungshilfe einzusetzen. Hilfreich kann es auch sein, sich anlässlich einer Reparatur eine Kopie anzufertigen und darauf die betroffenen Komponenten sowie deren Leitungssystem farbig zu markieren.

Grundsätzlich sind im Auto vier Stromkreise zu unterscheiden. Dazu gehört zunächst der Ladestromkreis, der vom Generator ausgehend über einen Gleichrichter und Regler, bei neueren Fahrzeugen oft in einem Bauteil zusammengefasst, zur Batterie führt. Bei Benzinmotoren ist zudem eine Zündanlage erforderlich, üblicherweise ausgeführt als Batteriezündung, bestehend aus Zündspule, Verteiler, Zündkontakten und einem diesen parallel geschalteten Kondensator beziehungsweise bei neueren Fahrzeugen den Bauteilen einer Transistoroder Elektronikzündung.

Mehrere Unterschaltkreise

Fehler an der Zündanlage treten recht häufig auf. Meist dreht sich dann der Motor bei Betätigung des Starters, springt aber nicht an. Wenn hier mechanische Störungen oder eine im Kraftstoffversorgungssystem ausgeschlossen werden können, liegt die Ursache entweder in der Verkabelung, bei den Zündkontakten oder den Zündspulen. Oldtimer haben hiervon meist eine für alle Zylinder sowie eine kontaktgesteuerte Zündung, Youngtimer oft separate Zündspulen und üblicherweise Elektronikzündung. Hier kann der Motor meist auch nach Ausfall einer Zündspule noch laufen, allerdings unrund, mit verändertem Geräusch und Fehlzündungen, er startet schlecht, häufig leuchtet auch die Motorkontrollleuchte im Armaturenbrett auf.

Der dritte Schaltkreis dient zum Starten des Motors. Zentrales Bauteil ist hier ein Elektromotor, auf dem huckepack der Magnetschalter sitzt. Dieser hat die Aufgabe, das Ritzel des Anlassermotors in die Zahnung der Schwungscheibe zu rücken, zugleich fungiert er als Relais, das, über das Zündschloss im Cockpit angesteuert, den Anlassermotor über ein auffallend dickes Kabel mit dem Pluspol der Batterie verbindet. Seltener, aber immer mal wieder kamen sogenannte Startergeneratoren zum Einsatz.

Hier ist direkt auf der Kurbelwelle ein Elektromotor angeflanscht. Er dreht sich immer mit und fungiert bei laufendem Verbrenner als Generator. Solche auch Dynastarter genannten Lösungen setzte zum Beispiel BWM bei der Isetta und den Modellen 600 und 700 ein, NSU beim Prinz und den Prima- und Lambretta-Motorrollern, Glas beim Goggomobil und Heinkel beim Kabinenrol-

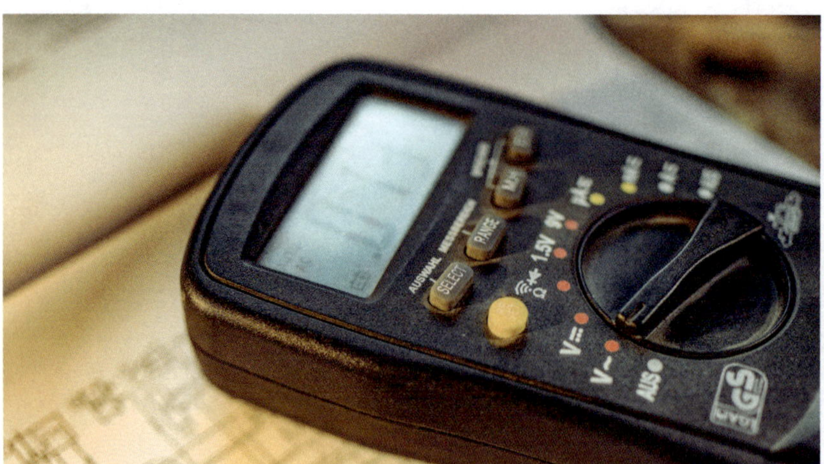

*Zur Standardausstattung von Werkstätten gehört ein **Multimeter** zur Messung von Spannung, Strom und Widerstand*

ler. Vorteile der Lösung sind ihr einfacher Aufbau, der schnellere Startvorgang sowie dass zwei Peripheriebauteile am Motor zusammengefasst werden können.

Prinzipiell am einfachsten aufgebaut, aber in der Praxis am komplexesten ist der Verbraucherstromkreis. Das ergibt sich daraus, dass selbst in älteren Autos bereits eine Vielzahl von Verbrauchern untergebracht sind. Die Bandbreite reicht von der Beleuchtungsanlage über Blinker, Hupe und Scheibenwischer bis hin zu Anzeigen und Instrumenten sowie Komfort- und Sicherheitskomponenten wie Fensterheber, Sitzverstellung, Anzeigeinstrumenten und Audiosystem. Wenn in der Fahrzeugelektrik Störungen auftreten, so betreffen diese leider auch oft den relativ unübersichtlichen Verbraucherstromkreis.

Die Fehlersuche ist aber meist nicht übermäßig schwer. Fällt nur ein einzelner Verbraucher aus, ist er häufig selbst defekt, oder der Fehler liegt auf der Strecke Batterie, Sicherung, Verbraucherschalter. Zeigen sich hier keine Auffälligkeiten, etwa eine defekte Sicherung, durchgescheuerte Kabel oder korrodierte Kontakte, lässt sich der Fehler oft durch Einsatz einer simplen Prüflampe lokalisieren. Dazu wird ausgehend von der Batterie Schritt für Schritt an jeder Zwischenverbindung der Kabelstrecke geprüft, ob eine Spannung anliegt, gegebenenfalls erst nach Betätigung eines Verbraucherschalters. Zwischen dem letzten Messpunkt, an dem alles in Ordnung war, und dem ersten, an dem die Lampe nicht mehr leuchtet, befindet sich der Fehler.

Schaltsymbole und ihre Bedeutung

	Anlasser
	Batterie
	Blinker
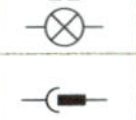	Buchse
	Diode
	Leitungskreuz mit Verbindung
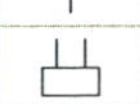	elektromechanisches Relais
	Generator
	Handschalter
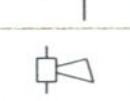	Hupe
	Leuchte
	Masse/Erdung
	Mehrstellungsschalter
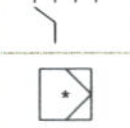	Regler
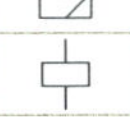	Relais
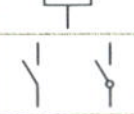	Schalter
	Schließer
	Schließer mit selbsttätigem Rückgang
	Sicherung
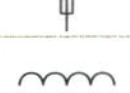	Spule
	Taster
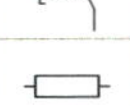	Widerstand
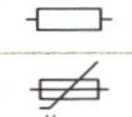	Widerstand spannungsabhängig
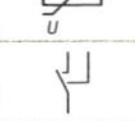	Zwillingsschließer

Auf Verkabelungsplänen tauchen zahlreiche ***Schaltsymbole*** *auf, die sich leider je nach Hersteller unterscheiden können. Meist helfen Übersichten wie diese, die Bedeutung zu entschlüsseln*

Fehlerursachen eingrenzen

Streiken mehrere Verbraucher, ist fast immer eine Sicherung ausgefallen, seltener kann ein (Kombi-) Schalter oder ein gemeinsames zentrales Kabel der Übeltäter sein. Mitunter liegt auch eine mangelhafte Masseverbindung vor, oft durch Korrosion. Gern passiert dies bei für Spritzwasser zugänglichen Bauteilen, etwa Blink-, Rück- und Bremslichteinheiten. Wohl jeder hat es schon mal erlebt, dass die entsprechenden Lampen munter durcheinanderleuchten, -glimmen, -blinken und -bremslichtern. Kurzschlüsse schließlich, die zum sofortigen Durchschmelzen einer Sicherung führen, werden entweder von einem defekten Verbraucher oder einer fehlerhaften Kabelisolierung verursacht.

Hier ist es hilfreich, zu wissen, wann eine Sicherung durchbrannte. Geschah dies spontan,

Multimeter und Prüflampe gehören bei Arbeiten an der Bordelektrik zu den Standardwerkzeugen. Per **Crimpzange** (rechts) lassen sich schnell Steckverbindungen herstellen. Bei Störungen der Zündanlage gehört ein Check des Verteilers (unten) zu den Standardprüfungen

Gerade Youngtimer mit komplizierter Technik und üppiger Ausstattung werden häufig von Ausfällen an der Elektrik heimgesucht. Auch der Siebener **BMW E32,** gebaut von 1987 bis 1992, hat diesbezüglich nicht gerade den besten Ruf. Clubs und Spezialisten wissen aber für viele Probleme eine Lösung

*Bei einigen amerikanischen und englischen Autos, etwa dem **MGA** (1955 bis 1962), war die Batterie mit Plus an Masse angeschlossen. Manchmal, etwa zum Einbau eines modernen Radios, kann eine Umpolung erforderlich sein. Anleitungen dazu lassen sich auf Fanseiten im Internet finden*

müssten nacheinander alle dauerhaft stromführenden Elemente der Verbraucherelektrik geprüft werden. Verabschiedete sie sich nach Betätigung eines bestimmten Schalters, stünde zunächst der entsprechende Verbraucher und dann deren Verkabelung unter Verdacht. In diesem Fall kann die Fehlersuche auf den Teil der Verkabelung beschränkt werden, der über die durchgebrannte Sicherung an die Stromquelle angeschlossen ist.

Zeigen sich bei einer sorgfältigen Sichtprüfung keine Auffälligkeiten, führt es meist zum Ziel, alle Steck- und Schraubverbindungen des betroffenen Bordelektriksegments zu trennen, alle Schalter samt Zündschloss auf »Aus« zu stellen und dann via Prüflampe an jedem Kabelstecker-, Schalter- und Verbraucheranschluss zu prüfen, ob eine Spannung zwischen ihm und dem Pluspol der Batterie anliegt. Ist dies an einem Punkt der Fall, befindet sich hier ein Bauteil, das den Masseschluss verursacht. Leuchtet das Lämpchen an mehreren Stellen, befinden sich diese an den Enden eines den Kurzschluss verursachenden Kabels. ■

Tipp: Teile frühzeitig besorgen

Egal um welche Art von Schaden es sich handelt und in welchem Teil der Fahrzeugelektrik er aufgetreten ist – während einer Reparatur, etwa wenn ein Bauteil ersetzt wird, darf der betroffene Schaltkreis nicht unter Strom stehen. Wer auf Nummer sicher gehen möchte, klemmt vorübergehend die Batterie ab. Grundsätzlich gilt: Weitergehende Arbeiten, etwa das Einstellen der Zündung oder die Prüfung der Steuerelektronik neuerer, komplexer aufgebauter Motoren, sollten die Neulinge unter den Selbstmachern entweder einer Werkstatt oder einem erfahreneren Schrauber überlassen, oft kann hier ein Clubkollege helfen.

Gelten bestimmte Teile bei einem Fahrzeug als störanfällig, etwa der Anlasser, ein Schalter oder die Zündanlage, sollte der Besitzer sich übrigens frühzeitig darum kümmern, Ersatz zu beschaffen, also Teilemärkte besuchen oder Internet-Verkaufsplattformen durchforsten. Dann ist nicht nur der Beschaffungsdruck im Schadensfall geringer, es wäre auch nicht nötig, jeden Preis zu bezahlen. Und die Fehlersuche fällt wesentlich leichter, wenn zwecks Identifizierung von Störungen im Austausch auf intakte Teile zugegriffen werden kann.

Vereinfachtes Prinzipschaltbild

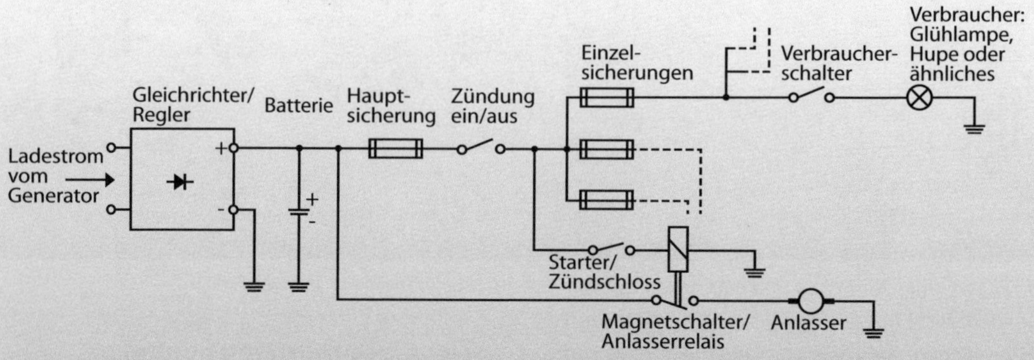

Lade-, Anlasser- und Lichtmaschinenstromkreis

Vereinfachtes Prinzipschaltbild

*Die Betätigung der **Zündkontakte oder Sensoren** erfolgt bei älteren Motoren über die Nocken-, seltener über die Kurbelwelle. Durch den hierbei im Primärkreis der Zündspule ausgelösten Stromstoß wird im Sekundärkreis ein Hochspannungsimpuls induziert. Der Verteiler leitet diesen zum jeweils erforderlichen Zeitpunkt an die verschiedenen Zündkerzen weiter.*

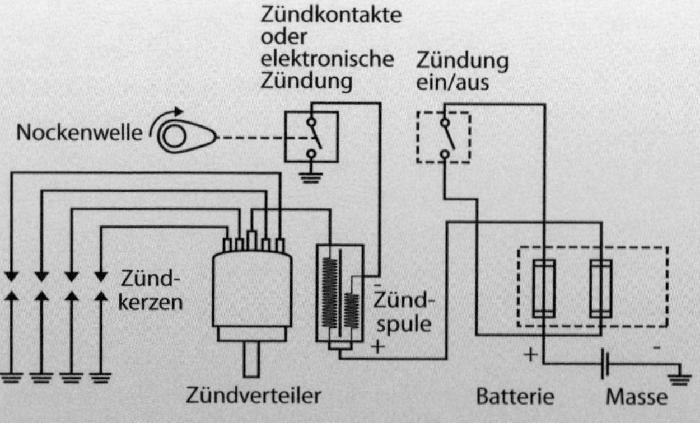

Zündstromkreis

So wird bei Störungen die Zündanlage geprüft

Zunächst wäre zu checken, ob **Funken an den Zündkerzenkontakten** entstehen. Dazu werden bei Autos mit mehreren Zündspulen die Kerzen nacheinander herausgeschraubt, wieder angestöpselt und mit dem Gewinde fest an ein masseführendes Motorteil gehalten, während eine zweite Person den Anlasser betätigt. Bei Fahrzeugen mit nur einer Zündspule reicht es, eine beliebige Kerze zu prüfen. Sind keine oder nur schwache Funken zu sehen, folgt ein weiterer Test. Das von der Zündspule kommende zentrale Zündkabel wird am Verteiler abgezogen und langsam einem masseführenden Gehäuse- oder Karosserieteil genähert, während ein Helfer den Anlasser betätigt. Springen hier ab etwa 0,5 Zentimeter Abstand keine Funken über, stimmt etwas mit der Zündspule oder den Kontakten nicht. Zur Kontrolle wird die Verteilerkappe abgenommen und zur Seite gedreht. Der Verteilerfinger lässt sich nun von seiner Achse abziehen. Die bei älteren Klassikern darunter verbauten Unterbrecherkontakte sollten im geöffneten Zustand etwa 0,4 Millimeter Abstand aufweisen, zu sehen, wenn der Anlasser betätigt oder das Auto mit eingelegtem Gang hin- und hergeschoben wird. Die Kontaktflächen sollten glatt und sauber sein und wenig Abbrand aufweisen. Dasselbe gilt für die Kontakte in der Verteilerkappe und am Verteilerfinger. In der Kappe darf sich keine Feuchtigkeit finden, sie darf auch keine Risse aufweisen.

Eine Zündspule lässt sich prüfen, indem per Multimeter der Innenwiderstand gemessen wird. Dies geschieht bei der Sekundärwicklung, indem ein aus Widerstandsmessung eingestelltes Multimeter zwischen Klemme 4 (Hochspannungsanschluss) und Klemme 1 angeschlossen wird (führt zum Unterbrecher oder Zündsteuergerät). Es muss ein Wert zwischen etwa 5 bis 20 Kiloohm angezeigt werden. Die Primärwicklung wird über die Anschlüsse »1« und »15« (Spannungsversorgung) gemessen. Hier wird ein Messwert zwischen 0,4 und 3 Ohm erwartet.

Zündkerzen gibt es in vielen Formen und Ausführungen

So unscheinbar, so unverzichtbar

Wer je an einem Auto geschraubt hat, kennt den Ärger, wenn er die Arbeit wegen fehlender Kleinigkeiten oder Mittelchen unterbrechen muss. Auf eine entsprechende Grundausstattung sollte daher jeder Schrauber achten.

Text Klaus Finkenburg · **Fotos** Archiv

cellRESET
DU WILLST:

SO UNSCHEINBAR, SO UNVERZICHTBAR

In einer Werkstatt geht es ein bisschen zu wie in einer Küche. Die Basis stellen Dinge dar, die stets frisch besorgt werden – es schadet aber nicht, einiges auf Vorrat zu haben und ein paar Konserven im Schrank. Erfahrene Köche wissen längst, wie bestimmte Gerichte zubereitet werden, Anfänger hingegen machen alles nach Kochbuch. Immerhin: Darin steht genau, wie viel und was an Zutaten ins Essen gehört. Und genau diese Feinheiten sind es ja, ohne die bei dem Geköchel nur fade Pampe herauskommt.

Das Pendant zu Gewürzen, Saucen und Sahnehäubchen stellen beim Schrauben allerlei Substanzen und Kleinteile dar, deren Bedeutung nicht hoch genug eingeschätzt werden kann. Das geht von Schmiermitteln, Betriebsstoffen und Schrauben aller Art über Pflegemittel, Klebstoff und Rostschutzlack bis hin zu Schrauben, Muttern und Sicherungssplinten. Sinnvoll ist es auch, stets ein kleines Sortiment an wichtigen Ersatz- und Verschleißteilen zu lagern.

Bestand stets komplett halten

Hier wären zunächst Glühlampen und Sicherungen zu nennen. Zwar gehört bei vielen Autos eine Notfallbox entsprechenden Inhalts zur Bordausstattung, leider wird aber nur zu oft vergessen, die Kästchen nach Benutzung wieder aufzufüllen. Und Ersatzsicherungen sollten idealerweise ohnehin jeweils mehrfach vorhanden sein. Nicht selten nämlich muss bei der Fehlersuche in der Elektrik schon mal die eine oder andere geopfert werden. Apropos Elektrik: Zur Standardausstattung jeder Heimwerkstatt gehören hier für provisorische Reparaturen auch ein paar Lüsterklemmen, außerdem Schrumpf- beziehungsweise Isolierschlauch verschiedenen Durchmessers sowie Isolierband, idealerweise in mehreren Farben.

Um nicht in Versuchung zu kommen, Letzteres für etwas anderes als die Isolierung stromführender Teile zu verwenden, sollte auch ein kleines Sortiment von Klebemitteln vorhanden sein. Dazu gehören Gewebeband, eine Rolle Tesa, stabiles Paketband, Kunststoffkleber, Universalkleber (Pattex) und ein Sekundenkleber zum schnellen Fixieren von Teilen. Als nützlich können sich auch Kabelbinder, Paketschnur und Bindedraht erweisen. Zum Fixieren von Schläuchen oder Ähnlichem sollte zudem ein kleines Sortiment an Schlauchschellen in verschiedenen Abmessungen vorhanden sein.

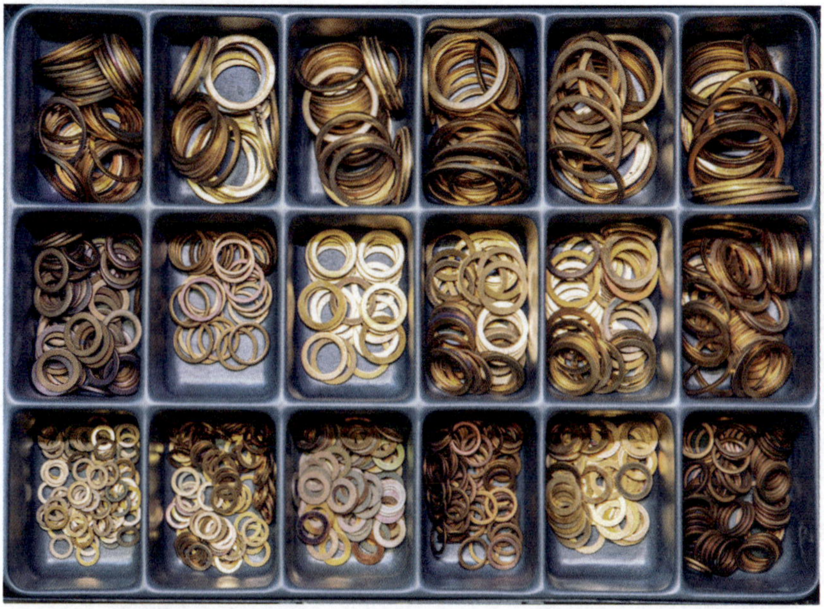

*Ob aus Metall, Gummi oder Kunststoff: Ein großzügiges Sortiment an **Dichtringen** und Unterlegscheiben aller Art sollte stets vorhanden sein*

*Zäh und schmierig muss es sein, dann ist ein **Allzweckfett** richtig gut. Dazu gehört eine praktische Fettpresse*

*Der Klassiker: »**Caramba**« hieß für Generationen von Schraubern der Schlachtruf gegen festgerostete Gewinde*

*Manche schwören auch auf ein **Montagespray**, das neben dem Verrosten gegen Festbacken schützen soll*

*Ein kleines Sortiment an **Klebstoffen** für verschiedene Einsatzbereiche ist ein Muss …*

*… ebenso **Klebe- und Isolierband**. Kabelbinder gehören ebenfalls ins Teilefach*

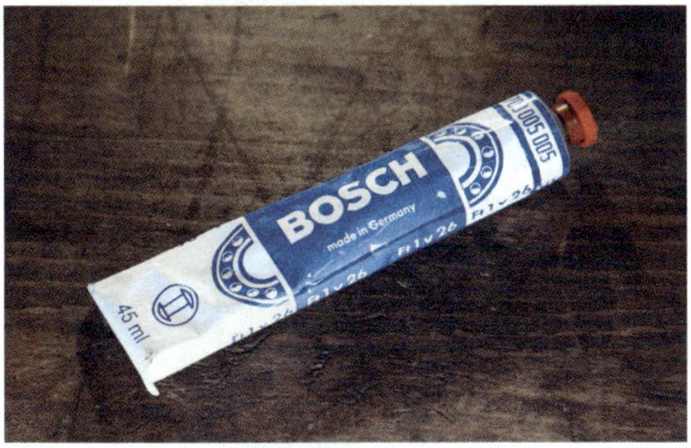

*In Lagern werden oft **Hochleistungsfette** eingesetzt, hier gilt es, Herstellervorgaben einzuhalten*

*Eine hochtemperaturbeständige **Dichtmasse** auf Silikonbasis zum Auftragen aus der Tube*

SO UNSCHEINBAR, SO UNVERZICHTBAR

Mittels einer Popnietzange und entsprechender Nieten lassen sich Teile verschiedener Materialien fest miteinander verbinden, die weder geschraubt noch geklebt oder geschweißt werden können. Ansonsten sind Verschraubungen die am häufigsten am Auto angewandte Art, Teile zu verbinden. Deshalb gehört in jede Werkstatt eine großzügige Auswahl an zu den eigenen Fahrzeugen passenden Blech- und Gewindeschrauben aller Größen, Gewindesteigungen und Schraubenköpfe sowie gegebenenfalls auch entsprechenden Muttern.

Sicherung ernst nehmen

Nicht vergessen werden sollte, dass bei den meisten Schraubverbindungen Unterlegscheiben und bei vielen auch Sicherungen vorgesehen sind, die das ungewollte Lockern der Verschraubung verhindern, etwa Federringe, verschiedene Arten von Splinten oder Sicherungs- beziehungsweise Seegerringe. Auch hier sollte stets ein ausreichendes Sortiment vorhanden sein, da viele dieser Teile nicht mehrmals verwendet werden dürfen. Entsprechendes gilt für selbstsichernde Muttern, erkennbar an einem meist farbigen Kunststoffeinsatz

*Bei Reparaturen sollten **Schlauchschellen** (oben) stets ersetzt werden. Schrauben, Muttern, Bolzen und Co. werden auf Vorrat angeschafft*

Insbesondere was Kleinteile angeht, sollte auf ***Ordnung*** *geachtet werden. So lassen sich Fehler vermeiden und der Bestand stets überblicken*

oberhalb des Gewindes. Auch Dichtringe, etwa der an Ölablassschrauben üblicherweise eingesetzte Kupferring, sollten nicht mehrmals benutzt werden.

Eine Doppelfunktion können Schraubensicherungsmittel einnehmen. Manche fixieren nicht nur das Gewinde, sondern dichten zugleich ab. Die Mittel bestehen aus einer flüssigen Substanz, die ähnlich einem Lack auf das Gewinde aufgebracht wird und nach dem Festziehen aushärtet. Dabei sind verschiedene Festigkeitsstufen verfügbar. Solche Mittel als zusätzliche oder vorsorgliche Sicherung einzusetzen, schadet nicht, als Ersatz für eine mechanische Sicherung dürfen sie aber nicht verwendet werden – es sei denn, der Fahrzeughersteller hat dies ausdrücklich zugelassen.

Grundsätzlich sollten auch die üblichen Schmiermittel und Betriebsstoffe stets im Regal stehen. Dazu zählen neben Motorund Getriebeöl auch Bremsflüssigkeit, Schmierfett, Kühlerfrostschutzmittel, destilliertes Wasser und Kriechöl (»Caramba«), der Klassiker zum Lösen festgerosteter Schrauben. Bei einigen Fahrzeugen werden auch flüssige Dichtmittel verwendet, entweder aushärtend oder dauerelastisch. Mit Waschbenzin lassen sich ölige oder fettige Verschmutzungen entfernen. Isopropyl-Alkohol, für wenige Euro pro Liter bei Internetversendern oder, allerdings deutlich teurer, in Apotheken erhältlich, löst außerdem manche Lack- oder Wachsrückstände.

Mancher schwört für seine Scheibenwaschanlage auf selbst angemischte Reinigungsflüssigkeit, bestehend aus etwa einem Drittel Brennspiritus, zwei Dritteln destilliertem Wasser und einem ordentlichen Spritzer Spülmittel. Auf jeden Fall taugt eine Sprühflasche mit einer solchen Mischung gut als Universalreinigungsmittel oder zum schnellen Händewaschen, wenn gerade kein

Checkliste: Materialien und Kleinteile

- ☐ **Schrauben und sichern**
  Grundsätzlich sollte in jeder Werkstatt stets ein großzügiges Sortiment an Schrauben vorhanden sein, und zwar verschiedener Stärken, Längen, Gewindesteigungen und Schraubenköpfe, so wie sie auch an den eigenen Fahrzeugen zum Einsatz kommen, außerdem die passenden Muttern, Unterlegscheiben, Sicherungsringe und Splinte.
- ☐ **Kleben und verbinden**
  Stabiles Gewebeband als Allheilmittel ist ein Muss, außerdem Isolierband für Arbeiten an der Elektrik, ein leicht lösbarer Klebefilm zum Anbringen von Notizzetteln und ein kleines Sortiment an Klebstoffen zum Verbinden von Metall-, Gummi- und Kunststoffteilen mitund untereinander. Tipp: Die richtige Verarbeitung und Wirkung von Klebstoffen und auch Dichtmitteln sollte vorab an Defektteilen ausprobiert werden.
- ☐ **Lackreparatur und Pflege**
  Um kleine Steinschlagschäden zu entfernen, werden eine Mini-Drahtbürste, Schmirgelpapier verschiedener, feiner Körnungen, ein Sortiment kleiner Pinsel, Rostumwandler, Grundierung, Fahrzeuglack und Schleifpaste benötigt. Zur regelmäßigen Pflege Chromund Lackpolitur, außerdem Unterbodenwachs. Spezielle Auffrischer geben matt oder farblos gewordenen Kunststoffflächen neuen Glanz. Glycerin oder Talkumpuder halten Gummiteile geschmeidig.
- ☐ **Betriebsstoffe und Flüssigkeiten**
  Ins heimische Substanzenregal gehören Motor- und Getriebeöle je nach Anforderungen des Fahrzeugs, Frostschutzmittel, destilliertes Wasser und eine kleine Auswahl Lösemittel, außerdem Schmierfett nebst Fettpresse und Rostlösespray.
- ☐ **Verschleiß- und Ersatzteile**
  Neben Glühbirnen und Sicherungen sollten Ersatzzündkerzen, Reifenventile, Radmuttern, gegebenenfalls Zündkontakte und verschiedene Sorten Kunststoff- oder Gummischlauch vorhanden sein, idealerweise auch eine kleine Auswahl an Dichtungen, etwa vom Ventildeckel, sowie Weiteres je nach Fahrzeug und spezifischen Schwachpunkten. Luft-, Benzin-, Öl- beziehungsweise Innenraumfilter werden je nach Bedarf angeschafft.
- ☐ **Nützliche Hilfsmittel**
  Immer mal wieder benötigt werden eine Schere, ein Cutter oder ein scharfes Messer, Teleskopgreifer, Pinzette, Magnet, eine Pipette oder Kunststoffspritze, eine kräftige Taschenlampe, Trichter verschiedener Größen, eine Lötlampe, Feuerzeug oder Streichhölzer, abwaschbare Stifte zum Markieren, außerdem Universalreinigungsmittel nebst Lappen oder fusselfreien Küchentüchern.
- ☐ **Ordnen und sortieren**
  Je kleiner die aufzubewahrenden Teile, desto wichtiger ist es, Ordnung zu halten. Für größere Teile, Betriebsstoffe und Werkzeuge bieten sich Regale, Werkzeugwände oder -boxen an. Kleinteile werden am besten in Sortierboxen oder platzsparend in Schubladenschränken mit vielen Fächern aufbewahrt. Diese sollten beschriftet und die gewählte Ordnung streng eingehalten werden – nichts ist schließlich ärgerlicher, als durch die Wahl einer Schraube mit der falschen Gewindesteigung ein Gewinde zu zerstören.

Waschbecken in der Nähe ist. Passend dazu sollten auch stets ein paar Rollen Küchentücher oder alternativ nicht fusselnde Stofflappen in der Werkstatt griffbereit sein.

Wer stets einen Grundstock an Ersatzteilen lagert, spart sich manchen unnötigen Weg

Oft heißt es »Gewusst wie«

Wer eine Winterpause nutzen möchte, um Lackfehler auszubessern, sollte Lack der passenden Farbe in seiner Werkstatt haben, zur Ausbesserung von Steinschlagschäden eignen sich am besten kleine Pinsel. Sind größere Lackschäden oder Kantenrost vorhanden, werden auch Schmirgelpapier mit feiner Körnung, ein Drahtbürstchen, Rostschutzgrundierung und eventuell Spachtelmasse benötigt. Mittels einer Polierpaste lassen sich eventuelle Farbnebel entfernen. Tiefere Lackschäden auf glatten Oberflächen sollten mit derlei Hausmitteln aber ausdrücklich nicht angegangen werden, hier ist die Reparatur deutlich aufwendiger bis hin zur Teillackierung.

Eine ganze Reihe weiterer Hilfsmittel sammeln sich in einer Werkstatt normalerweise automatisch an. Wer diesen Prozess beschleunigen möchte, ergänzt seine Sammlung an Teilen und Hilfsmitteln gleich entsprechend. So ist es etwa sinnvoll, stets Kleinteile wie Reifenventil und -kappen, Zündkerzen und -kontakte, Gummi-, Silikon- und PVC-Schlauch parat zu haben. Letzteren zum einen mit je nach Fahrzeug meist sechs bis acht Millimetern Innendurchmesser als Ersatz für gealterte Benzin- oder Wasserleitungen, zum anderen als Stück passender Länge zum Entlüften der Bremsanlage. Je nach Fahrzeug kann es auch sinnvoll sein, Simmerringe oder Lager, die regelmäßig verschleißen, zu bevorraten. Wer sparen möchte oder ein Fahrzeug mit schlechter Ersatzteilversorgung besitzt, hat auch immer ein paar Blatt Dichtungspapier im Schrank, aus dem er Dichtungen zumindest für mechanisch und thermisch weniger stark belastete Einsätze selbst zuschneiden kann. Dazu werden, ebenfalls eine sinnvolle Ergänzung der Werkstattausstattung, Cutter oder Schere benötigt, gegebenenfalls auch ein stabiles Metalllineal zur Führung des Schneidewerkzeugs. Ebenfalls zu den in der Startphase gern vergessenen Hilfsmitteln gehören ein Magnet und ein Teleskopgreifer zum Bergen von in enge Nischen gefallenen Kleinteilen, eine Taschenlampe, ein Feuerzeug, etwa zum (vorsichtigen!) Erwärmen von Schrumpfschlauch, sowie eine Auswahl kleiner Trichter zum Einfüllen von Flüssigkeiten. Zu den Arbeiten, an die sich auch Einsteiger getrost heranwagen können, gehören die diversen am Auto regelmäßig anstehenden Pflegemaßnahmen. Auch die dafür benötigten Mittel sollten in der Heimwerkstatt stets verfügbar sein. Dazu gehören neben Schwamm und Bürste Chrom- und Lackpolitur sowie Gummi-, Leder- und Kunststoffpflegemittel. Ein preiswertes und gut wirksames Hausmittel zur Entfernung von Verschmutzungen auf Veloursflächen, Bodenmatten und Teppichen ist handelsüblicher Teppichschaum, der eingebürstet und nach einer gewissen Einwirkzeit mittels eines Staubsaugers abgesaugt wird. ■

Tipp

Um böse Überraschungen etwa durch Verfärbungen zu vermeiden, sollten Substanzen, also auch Reinigungs-, Polier- oder Pflegemittel, stets vorab **an einer verdeckten Stelle ausprobiert** werden. Bei Kunststoffen ist es gut zu wissen, dass sich manche bei Beschädigungen hervorragend kleben lassen, bei anderen hingegen, etwa dem oft in Pkw-Innenräumen zu findenden Polypropylen (PP) oder Polyethylen (PE), gelingt dies, wenn überhaupt, nur mit sehr mäßigem optischen Ergebnis. Hier ist es besser, gleich ein Ersatzteil zu besorgen.

So geht Karosserie

Schäden an der Karosserie fallen meist sofort ins Auge und sind daher besonders ärgerlich. Speziell für Laien sind die Reparaturmöglichkeiten begrenzt. Aber mit dem nötigen Hintergrundwissen lässt sich vielleicht doch der eine oder andere Schaden in Eigenregie beheben.

Text Bernd Woytal · **Fotos** Archiv, Getty Images

*Sehr alte Fahrzeuge wie dieser **Wanderer W10** aus den 20er-Jahren haben einen stabilen Rahmen, auf dem eine Karosserie mit einem tragenden Holzgerüst sitzt*

Früher war alles nicht unbedingt besser, aber vieles auf jeden Fall anders. Zum Beispiel die Karosserien der Autos, und das betrifft nicht nur die Optik. Auf die kutschenartigen Fahrzeuge der Urzeit folgten Wagen mit einem stabilen Rahmen als Rückgrat, auf den die Karosse aufgesetzt wurde. Diese besaß als tragende Struktur einen Holzrahmen, der dann entweder mit Blech, Kunstleder oder Holz beplankt wurde.

Ferner gab es Ganzstahlkarosserien, die sich als komplette Einheit vom Fahrgestell trennen ließen. Das ist auch von später gebauten Autos bekannt, etwa bei den englischen Roadstern von MG oder Triumph oder auch vom VW Käfer, dessen Hülle allerdings auf einen Plattformrahmen geschraubt ist. Diese Konstruktionen bieten den Vorteil, dass bei anfallenden größeren Arbeiten oder bei einer Restaurierung die Karosserie als Ganzes abgenommen werden kann und gut zugänglich ist – genau wie das Fahrgestell.

Die meisten ab den 50er-Jahren gebauten Fahrzeuge besitzen normalerweise eine selbsttragende Karosserie und bilden mit der Bodengruppe eine unzertrennliche Einheit. Viele Hohlräume sorgen allerdings für eine erhöhte Rostgefahr. Es gab übrigens auch einige Wagen, die schon vor dem Zweiten Weltkrieg eine selbsttragende Karosserie besaßen.

*Auch dieser **Triumph TR6** aus den 60er-Jahren hat eine Karosserie, die sich vom Rahmen trennen lässt. Sie besteht aber komplett aus Stahlblech*

*Bei Fahrzeugen mit selbsttragender Karosserie wie diesem **NSU Ro 80** existiert kein separater Rahmen, der Motor und Fahrwerkskomponenten aufnimmt*

Das Thema Karosserie ist vielfältig. Das Blechklopfen, das Verzinnen oder die Montage einer Frontscheibe gehören dazu. Oft braucht es die Hilfe von ***Experten****, wie etwa für die fachgerechte Erneuerung eines Verdecks. Neue Blechteile für Reparaturen sind meist rar*

Die Schnittstellen beim Heraustrennen eines Blechs sollte man vorher exakt festlegen. Der ***Beulendoktor*** *erspart das Lackieren*

Die Chevrolet Corvette C2 hat einen Rahmen, auf dem eine Karosserie aus ***Kunststoff*** *sitzt. Aber auch die ist leider nicht für die Ewigkeit gebaut*

Karosserien mit Holzrahmen

Bei besonders alten Fahrzeugen sorgt oft ein **Holzrahmen** oder Holzgerüst für die tragende Struktur der Karosserie. Klar, dass dieses Holz über die Jahre vermodert oder morsch wird. Nun mag ein Laie es für einfach halten, marode Holzteile zu ersetzen, doch das ist nicht immer der Fall. Denn es handelt sich nicht nur um einfache gerade Hölzer, oft sind sie gebogen oder haben eine komplizierte Form, etwa wenn sie die Funktion einer B-Säule übernehmen. Dann muss mit dem Stemmeisen das Holz passgenau hergestellt werden. Außerdem besitzen die Hölzer Verzahnungen, über die sie miteinander verbunden werden, auch die gilt es zu berücksichtigen.

Doch zunächst einmal muss herausgefunden werden, welche Hölzer überhaupt zu erneuern sind. Teilrestaurierungen sind grundsätzlich möglich, denn oft faulen die Holzteile nur im unteren Bereich. Wurde die Karosserie vom Rahmen getrennt, sollte sie auf einem Hilfsrahmen, der zum Beispiel aus zwei Stahlprofilen bestehen kann, montiert werden. So ist sie stabil. Erst dann ist es ratsam, irgendwelche Teile herauszutrennen. Die Blechteile der Karosserie sind in der Regel auf das Holz aufgenagelt. Diese Nägel müssen also vorsichtig gezogen werden, um das Blech zu entfernen.

Um ein neues Holzteil anfertigen zu können, braucht man natürlich das alte als Muster. Sieht das Altteil sehr brüchig aus, kann man es zunächst beispielsweise mit Kunstharz tränken, um die Form zu erhalten. Für die neuen Teile sollte stets abgelagertes Eschenholz verwendet werden. Wird Leim verwendet, sollte er wasserfest und die Nägel und Schrauben natürlich rostfrei sein. Für komplizierte Arbeiten lohnt sich der Gang zum Spezialisten.

*Vorsicht beim Restaurieren eines **Holzrahmens**, sonst passt später nichts mehr*

Kunststoff und Alu

Eine Besonderheit stellen Autos mit einer Karosserie aus Kunststoff dar, genauer gesagt aus glasfaserverstärktem Kunststoff, kurz GFK. Dieses Material rostet zwar nicht, aber es kann mit der Zeit Risse bekommen. Eine Reparatur ist vergleichsweise einfach, aber dennoch gilt es auf einiges zu achten. So sollte der Reparaturbereich sorgfältig gereinigt und entfettet werden. Außerdem empfiehlt es sich, mehrere dünne Schichten GFK-Matten aufzutragen statt einer dicken, und das mit der passenden Menge Härter versehene Harz sollte die Matten gut tränken.

Wichtig ist ferner, mit speziellen Rillenwalzen das Glasfasergewebe gut zu entlüften, was bei Erwärmung die Entstehung von Blasen durch sich ausdehnende Luft verhindert. Risse in

Reparaturblech herstellen

Mangels Ersatzteilen ist es manchmal erforderlich, ein benötigtes Blech zur Reparatur eines Korrosionsschadens selbst herzustellen. Oft ist es einfacher, nur die von Rost betroffene Stelle eines Karosserieteils zu erneuern. Je nach Form sind zur Herstellung eines Blechs oft verschiedene Techniken erforderlich. Etliche davon zeigen wir bei der Herstellung dieses Reparaturblechs, das gewölbt und zudem noch an zwei Seiten abgekantet ist. Grundsätzlich erfordert die Blechbearbeitung viel Übung.

*Auf diesem Foto ist das hier beschriebene **Reparaturblech** in den verschiedenen Phasen seiner Entstehung zu sehen*

*Eine gut ausgestattete Werkstatt kann natürlich das Blech deutlich bequemer mit einem **Kraftformer** treiben*

*Das geschlichtete Blech wird dann mit einer Zwinge am Kotflügel fixiert, die **Biegekanten** mittels Reißnadel markiert*

*Um das folgende **Umschlagen des Rands** zu erleichtern, arbeiten Profis die Biegekante in der Sickenmaschine vor*

*Diese **Falten** dürfen aber nicht einfach platt geklopft werden, sondern müssen in sich hineingestaucht werden*

*Dazu wird jede einzelne Welle mit dem **Autogenbrenner** erhitzt und dann mit dem Hammer gestaucht*

*Ein Vorteil für Profis: Die können die Kante ohne Wellenschlag einfach mit einem **Eckold** einstauchen*

Anbauteilen moderner Fahrzeuge wie in Spoilern oder Stoßstangen lassen sich auch kunststoffschweißen.

Daneben gibt es Karosserien, die aus Aluminium bestehen. Befindet sich darunter ein Rahmen aus dünnem Stahlrohr, handelt es sich um die Superleggera-Bauweise, die einst die italienische Firma Touring erfand. Auch Aluminium hält nicht ewig, weil es sich durch Kontaktkorrosion mit darunter befindlichem Stahl zersetzt. Als Elektrolyt fungiert dabei die Feuchtigkeit.

Das Schweißen von Aluminium ist schwierig. Im Gegensatz zum Schweißen von normalem Stahl ist beim Erhitzen keine besondere Farbveränderung sichtbar. Und ohne die rötliche Färbung lässt sich die Temperatur schlecht abschätzen. Plötzlich sackt dann die Schweißnaht ab, und es

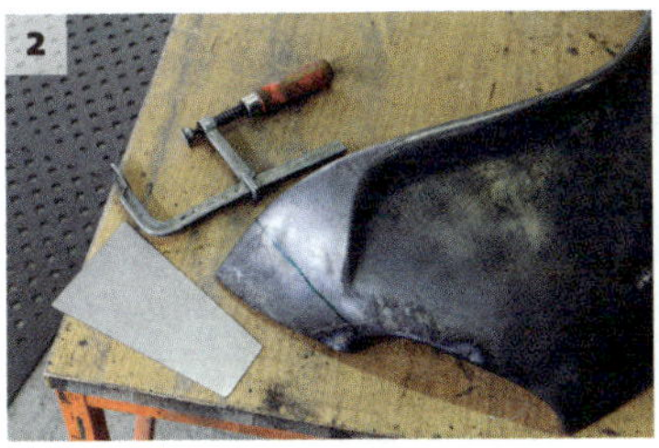

*Zunächst wird die **Reparaturstelle** am Kotflügel markiert und das Blech entsprechend zugeschnitten*

*Um die benötigte **Rundung des Blechs** herzustellen, kommen ein Holzhammer und ein Sandsack zum Einsatz*

*Anschließend wird das Blech auf einem Handeisen mit einem Aluhammer **geschlichtet** beziehungsweise geglättet*

*Wegen der Rundung des Blechs wird es über einem **Bördeleisen** umgeschlagen und nicht im Schraubstock*

*Nach dem Abkanten hat das Blech seine **Rundung** teilweise eingebüßt, die umgeschlagene Kante wird auf den ...*

*... leicht auseinanderstehenden Schraubstockbacken mit der **Finne** des Hammers in Falten geschlagen und krümmt sich*

*Die andere Kante des Reparaturblechs muss kürzer sein, sie wird einfach auf einem **Bördeleisen** umgeschlagen*

*Nun gilt es zu prüfen, ob das entstandene **Reparaturblech** mit den beiden abgekanteten Seiten korrekt passt*

*Ist das Blech gelungen, wird mit einer **Reißnadel** markiert, wo das alte Blech am Kotflügel wegzuschneiden ist*

entsteht ein Loch. So mancher setzt dann lieber ein neues Alublech mithilfe von Popnieten ein und verspachtelt die Reparaturstelle. Beginnt das Aluminium bei thermischen Veränderungen zu arbeiten, kommt es zu Rissen an den Nietstellen.

Typische Roststellen

Doch zurück zur selbsttragenden Karosserie aus Stahlblech, die am häufigsten vertreten ist. Unabhängig vom Fahrzeugtyp entstehen Korrosionsschäden fast immer an den gleichen Stellen. Dazu gehören alle Blechpartien im Spritzwasserbereich der Räder, also die Radhäuser, die Partie des Vorderkotflügels zwischen Radhaus und Tür, manchmal die A-Säulen, die Schweller, Teile des Unterbodens und das Blech unterhalb der hinteren Stoßstange.

Die Räder schleudern nicht nur Wasser, sondern auch Schmutz in die Höhe. Der setzt sich dann in allen Ecken und Kanten fest und bindet dort Feuchtigkeit, die für Rostbildung sorgt. Das kann auf Scheinwerfertöpfen, die in das Radhaus ragen, oder auf hervorstehenden Kanten der Stehbleche geschehen, an denen die Vorderkotflügel befestigt sind. Gefördert wird die rege Tätigkeit des Rosts bei Oldtimern durch fehlende oder mangelhafte Korrosionsschutzmaßnahmen ab Werk oder durch in die Jahre gekommene und rissig gewordene Unterbodenschutzschichten.

Auch an Hohlraumkonservierung wurde früher kaum gedacht. Manchmal wurde das Karosserieblech im unsichtbaren Bereich noch nicht mal lackiert. Und wenn dann zusätzlich die vorgesehenen Ablauflöcher verstopft sind, korrodiert es munter in Schwellern, Seitenteilen, den Türen oder in Versteifungsprofilen am Unterboden. Oft münden auch die Wasserabläufe des Schiebedachs in die Schweller, in denen dann ein kleiner See entsteht, wenn der Abfluss ins Freie fehlt oder sich zugesetzt hat. Ebenfalls rostgefährdet sind Stellen der Karosserie, an denen zwei Blechlagen übereinanderliegen, wie etwa bei den hinteren Radläufen. Der Kapillareffekt sorgt dafür, dass es im Spalt zwischen den Blechen feucht ist.

Gerne korrodiert ferner das Blech unter den Gummis der Front- und Heckscheibe, weil sich dort ebenfalls die Feuchtigkeit halten kann. Reparaturen in diesem Bereich sind aufwendig, weil dazu die Scheibe ausgebaut werden muss, und für Schweißarbeiten möglicherweise sogar das Armaturenbrett. Bei vielen Youngtimern sind die Scheiben ab Werk eingeklebt, hier muss man für die Demontage und besonders für die Montage auf professionelle Hilfe zurückgreifen.

Eine Erleichterung im Reparaturfall sind angeschraubte Kotflügel. Sind sie sehr stark beschädigt und als Neuteil lieferbar, gestaltet sich die Erneuerung relativ einfach. Aber nur, wenn das Neuteil gut passt. Das ist bei nachgefertigten Blechen leider nicht immer der Fall, und so kann es besser sein, auf ein gut erhaltenes Gebrauchtteil aus der zeitgenössischen Produktion auszuweichen.

Ist das benötigte Reparaturblech nicht verfügbar, wird es eben von Hand hergestellt

Bei manchen Fahrzeugen sind sogar die Vorderkotflügel rundum oder zumindest teilweise angeschweißt. Um diese zu erneuern, bedarf es schon einer gewissen Fachkenntnis. Wer sich trotz wenig Erfahrung an das Einschweißen eines Kotflügels, einer Frontmaske oder eines Heckblechs wagt, vergisst oft, auf korrekte Passungen zu achten. Man sollte die Teile immer erst an wenigen Punkten anschweißen, oder wenn möglich mit Gripzangen fixieren, und dann die anderen Bauteile in der Umgebung, etwa Motor- oder Kofferraumhaube, montieren, um zu sehen, ob alles zusammenpasst.

Sofern nicht eine Totalrestaurierung ansteht, reicht es aber oft, nur die vom Rost betroffene Partie instand zu setzen, statt komplette Karosserieteile wie Kotflügel, Türen oder ein Seitenteil zu erneuern – speziell wenn Originalsubstanz erhalten bleiben soll. Um diese Arbeit zu erleichtern, gibt es für viele Klassiker Reparaturbleche, um die am häufigsten von Rost betroffenen

Muss ein Blech eingeschweißt werden, bevorzugen die meisten das MAG-Schweißen

Partien zu reparieren. Dabei sollte man darauf achten, dass vorhandene Sicken oder Fugen nach der Reparatur noch sichtbar bleiben.

Ist kein Reparaturblech verfügbar, bieten sich zwei Möglichkeiten an. Entweder es steht ein Schlachtfahrzeug zur Verfügung, dessen Karosserie so gut erhalten ist, dass man dort die benötigten Bleche heraustrennen kann, oder man muss das Reparaturblech selbst herstellen.

Dies ist allerdings nicht ganz einfach, besonders wenn das herzustellende Blech Rundungen, Kanten und Sicken hat. Dem professionellen Karosseriebauer stehen dafür zahlreiche in der Anschaffung teure Werkzeuge wie eine Sickenmaschine oder ein Kraftformer zur Verfügung.

Übungssache

Aber es lässt sich auch in der heimischen Garage mit Muskelkraft und weniger kostspieligem Werkzeug (das natürlich der Profi zusätzlich nutzt) so manches Reparaturblech herstellen. Die dazu benötigten Kenntnisse wie Abkanten, Stauchen, Treiben, Bördeln etc. erlangt man nur durch Übung. Das benötigte Werkzeug wie

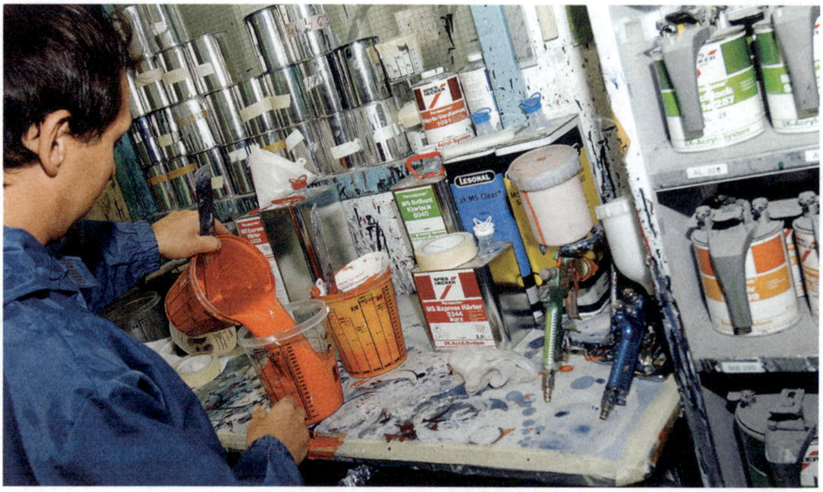

*Die **Mischungen** für zahlreiche Farben von Klassikern liegen in den Archiven der Lackfirmen*

*Mit **Folie** lassen sich Fahrzeugteile, die nicht lackiert werden sollen, vor Farbnebel schützen*

*Das **Neulackieren** eines Oldtimers birgt Risiken, wenn der alte Lack als Basis bleiben soll*

verschiedene Hämmer aus Stahl oder Alu, Handeisen, Blechscheren oder Sandsack ist im Fachhandel erhältlich. Dort holt man sich am besten Rat, welches Werkzeug für die Herstellung des geplanten Teils sinnvoll ist. Ein wenig reinschnuppern ins Thema lässt sich auf den Online-Seiten von entsprechenden Fachhändlern wie zum Beispiel www.dinosaurier-werkzeuge.de

Auf dieser Doppelseite unten haben wir ferner einmal den Ablauf zur Herstellung eines Reparaturblechs dargestellt. Manchmal bietet es sich zuvor an, eine Pappschablone anzufertigen, die als Muster für das herzustellende Blech dient. Und eingeschweißt werden muss das fertige Blech dann natürlich auch (siehe »So geht Restaurierung« in dieser Ausgabe).

Die Schweißnähte werden später mit der Flex verputzt. Anspruchsvolle Restaurierer ebnen dann die raue Fläche mit Zinn ein. Der wurde schon früher verwendet, etwa beim Porsche 356, um korrekte Passungen zu erzielen. Oder für das Ausfüllen von punktuellen Dellen, die sich nicht ausbeulen lassen, weil sie von hinten nicht zugänglich sind oder sich in einer steifen Blechkante befinden. Aber das Verzinnen ist heute umstritten, wegen der möglichen Gefährdung der Gesundheit. Insider halten übrigens den heutigen Spachtel dem Zinn für überlegen, allerdings ist dessen Verwendung in der Szene verpönt.

Doch ganz ohne Spachtel geht es manchmal nicht, womit wir beim Thema Lackierung sind. Müssen minimale Unebenheiten mit Spachtel ausgeglichen werden, warnt der Lackhersteller Standox: »Zwischen das blanke Blech und die Spachtelmasse gehört immer eine Isolierung, ansonsten wirkt der Spachtel wie ein trockener Schwamm, der Wasser anzieht.« Standox empfiehlt daher einen Zweischichtaufbau aus Säure-Primer und K-Füller.

Vorsicht bei alten Lacken

Wenn es um die Lackierung eines Klassikers geht, kann es zu Problemen kommen. Zum einen betrifft es den Farbton, zum anderen die Verarbeitung. Die Archive der Lackhersteller wie Glasurit oder Standox, die beide auch im Oldtimer-Bereich aktiv sind, enthalten unzählige Farben und deren Mischrezepte, aber manchmal ist gar nicht klar, in welcher Farbe der Wagen lackiert ist. Dann kommt ein Farbmessgerät zum Einsatz. Das gemessene Ergebnis wird mit der Datenbank abgeglichen, und meist ist ein passender Ton hinterlegt. Wenn nicht, muss er gemischt werden.

Das andere Problem ergibt sich, wenn der Altlack als Basis für die neue Decklackierung bleiben soll, aber lösemittelempfindlich ist. Dazu gehören thermoplastische Lacke und Nitrolacke. Der Lackierer erkennt das durch einen Lösemitteltest und kann dann bei Bedarf einen Epoxydharz-Grundierfüller als Isolierung aufbringen. Kompetente Classic-Partner-Betriebe kann man über die Standox-Website www.standox.com ausfindig machen.

Nicht unerwähnt bleiben sollte die Möglichkeit, kleinere Dellen von einem Beulendoktor beseitigen zu lassen. Die Ausbeultechnik hat sich gegen früher entscheidend weiterentwickelt. So sind Reparaturen möglich, ohne dass der Lack angegriffen wird. Besonders eignen sich die Werkzeuge des Beulendoktors zwar für heutiges Dünnblech, aber auch bei dickerem Blech sind Erfolge möglich. So spart man Geld, und der Lack kann im Originalzustand belassen werden. ■

Tipp

Wer sich als Laie an Karosseriearbeiten wagt, kann von den kleinsten **Tipps der Profis** lernen. Zum Beispiel, dass man bei einer Blechschere nie die ganze Länge der Schneiden nutzen sollte, sonst entsteht nach jedem Schnitt ein kleiner Grat. Grundsätzlich sollte nie neues Blech über rostiges geschweißt werden. Löcher im Blech nicht einfach zuspachteln oder mit Glasfaser schließen. Beim Heraustrennen von Schwellerpartien die Karosserie speziell von Cabrios mit temporär eingeschweißten Eisenprofilen stabilisieren, damit sie sich nicht verzieht.

Hilfe zur Selbsthilfe

Probieren geht bekanntlich über Studieren. Aber ganz ohne Theorie und Anleitung geht es dann manchmal doch nicht. In Schrauberkursen lernen Oldtimer-Enthusiasten von Profis, wie sie ihre Klassiker selbst in Schuss halten können. Aber wie findet man den richtigen Kurs?

Text Daniel Endreß · **Fotos** Michael Orth, Fahrzeugakademie Schweinfurt

URKUNDE
FTZ

Viele Schrauber, die sich an Reparaturen am eigenen Auto herantrauen oder sogar vollständige Restaurierungsprojekte wagen, hatten das Glück, in der Kindheit oder Jugend mit dem Thema in Berührung gekommen zu sein. Sei es der eigene Vater, der den Familienwagen immer selbst fit gehalten hat, oder der Kumpel, der einem als gelernter Kfz-Mechaniker viele Tipps geben konnte und einem so die Angst davor nahm, selbst Hand anzulegen.

Checkliste: Kurs finden

- ☐ **Was will ich lernen?**
  Worauf kommt es mir am meisten an? Geht es um Grundlagen? Möchte ich besonders viel über ein Modell, eine Fahrzeuggattung oder eine Marke lernen? Sollen bestimmte Elemente wie Schweißen, Drehen oder Ähnliches beigebracht werden? Zunächst sollte man sich diese Fragen selbst beantworten und dann ganz gezielt auf die Suche nach einem passenden Kurs gehen.
- ☐ **Was kann ich schon?**
  Schätzen Sie Ihr Vorwissen realistisch ein. Haben Sie schon mal einen Schraubendreher in der Hand gehabt? Vielleicht selbst die Reifen gewechselt? Oder kennen Sie Ihren Motor bereits in- und auswendig und möchten nun etwas über Blechbearbeitung wissen? Erkundigen Sie sich genau beim Kursleiter, welche Fähigkeiten Sie mitbringen müssen, damit Sie ein Kurs weiterbringt. Belügen Sie sich dabei nicht selbst. Wenn Sie noch nie einen Kurs belegt haben, aber grundsätzlich mit Werkzeug umgehen können, spricht nichts dagegen, die Grundlagen aufzufrischen, etwaige Lücken zu schließen oder sich neue Sichtweisen und Tricks anzueignen.
- ☐ **Wo findet der Kurs statt?**
  Um erste Grundlagen kennenzulernen, kann man sich an nahe gelegene Volkshochschulen wenden. Dort werden häufig Einsteiger-Schrauberkurse angeboten. Auch Clubs oder Oldtimer-Werkstätten bieten manchmal Basis-Seminare an. Spezielle Schrauberkurse gibt es leider nicht an jeder VHS, sondern nur an wenigen Standorten in Deutschland. Um am passenden Lehrgang teilnehmen zu können, müssen Sie mitunter einige Kilometer Fahrt in Kauf nehmen. Das kostet Zeit und Geld und muss mit eingeplant werden.
- ☐ **Wie lange dauert ein Schrauberkurs?**
  Es gibt kurze Einführungen und Einsteiger-Workshops, die grundlegende Kenntnisse schon in wenigen Stunden vermitteln. Ein Schweißer- oder Sattlerkurs dauert dagegen länger. Je nach Anbieter können sich die Lektionen blockweise über mehrere Wochenenden verteilen. Intensivkurse erstrecken sich über mehrere aufeinanderfolgende Tage.
- ☐ **Was kosten Schrauberkurse?**
  Schnupperkurse beginnen bei 25 Euro, für ein Grundlagenseminar werden in der Regel zwischen 75 und 100 Euro fällig. Schweißerkurse für Neulinge beginnen bei 150 Euro. Intensivkurse bei 320 Euro. Mehrtägige Schulungen für Sattlerarbeiten, Blechbearbeitung oder Restaurierungen liegen zwischen 500 und 600 Euro.
- ☐ **Woran erkenne ich einen guten Kurs?**
  Wenn man schon viel Geld für einen Workshop ausgibt, dann soll er auch etwas taugen. In einem guten Kurs sollten Sie auf jeden Fall mit anpacken können und nicht nur untätig daneben stehen. Interessant ist auch, wie viele Lernende von einem Lehrer betreut werden. Mehr als zehn Teilnehmer pro Trainer sollten es nicht sein. Bei Schweißkursen höchstens fünf, damit niemand zu kurz kommt. Zudem sollte stark auf Arbeitssicherheit Wert gelegt werden.

Doch wer nicht als Kind in einen Kessel mit WD-40 gefallen ist oder irgendwann von einem Familienmitglied oder Freund angeleitet wurde, wie man Reifen oder Lampen wechselt, der sieht sich schon mit leichten Problemen am eigenen Auto überfordert. Das größte Hemmnis ist immer die Angst davor, etwas kaputt zu machen.

Jeder kann schrauben lernen

Wer einmal eine einfache Reparatur erledigt hat, der merkt recht schnell, dass ein Auto oder Motorrad aus Blechen, Teilen und Schrauben besteht, die man – wurden sie einmal auseinandergenommen – auch wieder zusammensetzen kann. Genau das wollen auch Einsteiger-Workshops vermitteln.

Übersichtliche Lerngruppen: Je **weniger Teilnehmer** in einem Kurs sind, desto intensiver kann der Dozent auf jeden Einzelnen von ihnen eingehen

Reparieren statt tauschen: An der Academy of Arts University in San Francisco lernen die Studenten, wie man seltene **Ersatzteile** repariert oder sogar selbst herstellt

Hilfe zur Selbsthilfe: In **guten Schrauberkursen** sollte jeder Teilnehmer so viel Praxiserfahrung sammeln können wie möglich. Die Trainer schauen dabei über die Schulter

Schrauberkurse gibt es in allen Formen und Ausprägungen: von der trockenen Theorie bis zu rein praktischen Hilfestellungen am eigenen Auto, von Anfängerkursen bis zu Angeboten für angehende Profis. Und auch den Grad der Spezialisierung kann man frei wählen. Von allgemeinen Beginner bis zum speziellen Citroën-2CV-Kurs findet man eine Vielzahl von Angeboten. Wer sich für eine Restaurierung vorbereiten möchte, findet auch Sattler- und Schweißerseminare. Was in der Fülle des Angebots nun für einen selbst sinnvoll ist, hängt von verschiedenen Faktoren ab. Wie groß ist das Vorwissen? Was möchte man lernen und wofür?

Checkliste: Was muss man mitbringen?

☐ **Richtige Arbeitskleidung**
Beim Schrauben wird es schmutzig. Wer nicht möchte, dass die Designerjeans um Ölflecken bereichert wird, sollte entsprechende Arbeitskleidung einpacken. Eine Arbeitshose mit vielen Taschen sowie ein T-Shirt, um das es nicht allzu schade ist, dürften für den Anfang reichen. Profis greifen auf Latzhosen oder Blaumänner zurück. Die haben den Vorteil, dass Rücken und Nieren auch beim Bücken immer warm bleiben.

☐ **Arbeitsschuhe**
Die Wahl der Schuhe ist sehr wichtig. S3-Sicherheitsschuhe sind dringend zu empfehlen. Sie sind durchtrittsicher und antistatisch, haben eine verstärkte Zehenpartie und sind gegen Wasser, Kraftstoff, Öl und bedingt gegen Hitze beständig. Damit sind die Füße auch vor größeren Missgeschicken in der Werkstatt gut geschützt.

☐ **Schutzbrille**
Eine Schutzbrille wird vor allem beim Bohren, Trennschleifen und generell allen Tätigkeiten benötigt, bei denen Funken, Späne oder Partikel aller Art durch die Luft fliegen können. Selbst wenn man unter einem Auto auf der Hebebühne arbeitet, leistet eine Schutzbrille gute Dienste. Denn schon wenn einfacher Rost in die Augen rieselt, tut das höllisch weh.

☐ **Arbeitshandschuhe**
Es schadet nicht, verschiedene Arbeitshandschuhe zu besorgen. Die klassischen ledernen Handschuhe verhindern Verletzungen an scharfen Kanten und halten auch robuste Arbeitseinsätze aus. PU-beschichtete Textilhandschuhe bieten dagegen mehr Gefühl und Schutz vor Dreck und Spänen.

☐ **Gehörschutz**
Leider ein unterschätzter Teil der Sicherheitsausrüstung beim Schrauben. Die Belastung für die Ohren ist natürlich abhängig von der jeweiligen Tätigkeit, aber zum Teil immens. Gerade wenn man in einer großen Halle arbeitet. Ob man sich dabei für Kapselgehörschutz, auch »Mickymäuse«, oder Ohrstöpsel entscheidet, hängt von den eigenen Präferenzen ab.

☐ **Schweißerbrille**
Beim Schweißen muss man auf jeden Fall eine getönte Schutzbrille tragen. Welche Schutzstufen benötigt werden, hängt vom Schweißverfahren ab. Hier sollte man auf jeden Fall beim Kursleiter nachfragen, welcher Schutz benötigt wird.

☐ **Schweißerhandschuhe**
Die Handschuhe fürs Schweißen müssen hitzebeständig sein und gleichzeitig ein gewisses Maß an Feinfühligkeit ermöglichen. Gute Handschuhe gibt es ab 30 Euro. Wer viel schweißt, kann seine Ausrüstung auch um eine Schweißerschürze erweitern.

☐ **Sonstiges**
Bei speziellen Workshops müssen die Teilnehmer auch Komponenten mitbringen, die im Laufe des Kurses repariert werden sollen. Erkundigen Sie sich vorher danach.

Wenn es Ersatzteile nicht mehr zu kaufen gibt, dann stellt man diese eben selbst her. Hier schneidet ein Kursteilnehmer neue Dichtungen

Und wie viel Zeit steht einem zur Verfügung? (Im gelben Kasten auf der linken Seite haben wir einen kleinen Leitfaden formuliert, wie man den passenden Kurs findet.) Fest steht: Wer schrauben möchte, der kann es auch lernen. ‚Geht nicht' gibt's nicht.

»Seminare mit einem hohen Frauenanteil sind meistens die besseren« – Markus Pliquett

Der größte Anbieter von Schrauberkursen in Deutschland ist die Fahrzeugakademie in Schweinfurt. Sie ist eine Bildungseinrichtung der Handelskammer für Unterfranken und veranstaltet eine Vielzahl von Lehrgängen für Oldtimer-Enthusiasten, die neben praktischen Inhalten auch Theoretisches zu Oldtimer-Recht oder die Professionalisierung von Oldtimer-Reparaturen vermitteln.

Darüber hinaus gibt es weitere Anbieter wie zum Beispiel MP's Classics in Köln. Dort werden nicht nur verschiedene Schrauberkurse durchgeführt – man kann auch eine Hebebühne und Werkzeug mieten, um das Gelernte direkt in die Tat umzusetzen. Anfängerkurse, aber auch so manches Seminar für Fortgeschrittene, findet man auch im Angebot der Volkshochschulen. Viele Oldtimer-Clubs bieten mitunter Kurse oder Hilfe zur Selbsthilfe an. Häufig sind diese Angebote auf bestimmte Automarken oder Modelle zugeschnitten, sind letztendlich aber genau das Richtige, wenn man selbst so einen Wagen besitzt. Wer sich zum ersten Mal mit dem Schrauben befasst, sollte aber zunächst einen Grundkurs besuchen, um sich mit zentralen Bauteilen und einfachen Wartungen vertraut zu machen.

Tipp

Um den richtigen Kurs für Sie zu finden, unterhalten Sie sich mit den **Trainern**. So finden Sie zum einen heraus, ob der angebotene Workshop zu Ihrem Wissensstand passt, und außerdem vor allem, ob Sie mit den Dozenten menschlich klarkommen. Man lernt immer dann am besten, wenn die **Lernatmosphäre** angenehm ist und der Trainer sich voll auf die Kursteilnehmer einlässt. Wenn Sie regelmäßig mit einem Freund zusammen schrauben, dann machen Sie die Kurse am besten zusammen, damit Sie beide auf demselben Level bleiben.

Schüler, Studenten, Anwälte

Die Schrauberschule von Markus Pliquett in Köln ist an eine Oldtimer-Garage mit Selbsthilfewerkstatt angeschlossen und bietet neben allgemeiner Schrauberkunde auch Kurse zu den Themen Schweißen und Elektronik an. »Unsere Trainer sind Freiberufler, die entweder selbst in Kfz-Werkstätten arbeiten oder gearbeitet haben,« berichtet Pliquett. Und wer besucht diese Schrauberkurse? »Das ist ganz unterschiedlich und im Grunde völlig durchmischt. Es kommen Schüler, Studenten, Zahnärzte, Anwälte. Vom Opel Corsa bis zum Porsche 911 fahren unsere Teilnehmer alles Mögliche.«

Auch immer mehr Frauen schrauben fleißig bei den Workshops. In den Seminaren von Markus Pliquett sind durchschnittlich zu einem Drittel Frauen vertreten. »Die Kurse mit vielen Frauen sind häufig die besseren,« berichtet Pliquett. »Während Männer sich manchmal nicht die Blöße geben wollen, etwas nicht zu wissen, stellen Frauen viel mehr Fragen, von denen dann alle Teilnehmer profitieren.«

Schrauberkurse nur für Frauen gibt es auch: Motor Klassik-Mitarbeiterin Anna Matuschek etwa vermittelt in Stuttgart unter dem Titel »Schraub, Mädchen« Auto-Basiswissen an reine Damengruppen. Die Motivation der Teilnehmerinnen und Teilnehmer, solche Schulungen zu besuchen, ist zum einen, einfachere Reparaturen selbst erledigen zu können. Zum anderen hätten sie selbst gerne genug Knowhow, um einzuschätzen zu können, ob sie in Werkstätten faire und korrekte Angebote bekommen. »Manche Teilnehmer fühlen sich ausgeliefert, wenn sie in ihrer

Kfz-Profi als Beruf – die Ausbildungsmöglichkeiten

Handwerk hat goldenen Boden – das ist zugegebenermaßen eine recht abgedroschene Phrase, die aber immer noch viel Wahrheit in sich trägt. Gerade kompetente Autoprofis werden immer gesucht, das wird sich auch nicht ändern, wenn sich der Anteil an Elektroautos auf unseren Straßen erhöht. Allerdings ändert sich vieles an dem, was die Schrauber in den Autowerkstätten in Zukunft beherrschen müssen. Heute sollten Kfz-Mechatroniker deutlich mehr von Elektronik verstehen als Kfz-Mechaniker vor 20 Jahren. Daraus folgt allerdings, dass der Nachwuchs in diesem Beruf in erster Linie anderes lernt als die Reparatur oder Restaurierung von Klassikern. »Oldtimer reparieren zu können, gilt in diesem Beruf mittlerweile als die Kür und ist eine Zusatzqualifikation«, sagt Mischa Fleischmann, Ausbildungskoordinator bei der Handwerkskammer Stuttgart.

Eine Ausbildung zum Kfz-Mechatroniker dauert in der Regel dreieinhalb Jahre. Die Azubis wählen während dieser Zeit einen von fünf möglichen Schwerpunkten, nach denen sie sich ausrichten möchten: Pkw-Technik, Nutzfahrzeugtechnik, Motorradtechnik, System- und Hochvolttechnik oder Karosserietechnik. »Die Ausbildungsinhalte passen sich natürlich immer der Zeit an, weshalb die Auszubildenden zwar an einem modernen Hybridfahrzeug Fehler suchen und beheben, aber an einem Auto aus den 60er-Jahren nicht allzu viel ausrichten können,« berichtet Fleischmann. Dennoch fallen klassische Automobile in der modernen Kfz-Ausbildung nicht völlig unter den Tisch. Die Gesellenanwärter können sich für einen Zusatzlehrgang entscheiden, der sich während der gesamten Ausbildungszeit nur mit Oldtimern beschäftigt.

Durch die zusätzlichen Stunden im Wochenplan der Lehrlinge können diese allerdings die Ausbildungszeit nicht mehr verkürzen. Dennoch lohnt sich der Aufwand: Werkstätten, die viele Oldtimer reparieren, haben Schwierigkeiten, fähige Mechaniker zu finden, und locken daher mit überdurchschnittlich hohen Gehältern. »Im Raum Stuttgart gibt es allerdings immer wieder Jahrgänge, in denen mangels Interessenten kein Oldtimer-Kurs zustande kommt«, weiß Fleischmann. »Die Unterschiede zwischen alten und neuen Autos sind aber mittlerweile so groß, dass mir manche Werkstattbetreiber, die viel an Oldtimern arbeiten, berichten, dass ausgelernte Mechatronikergesellen durchaus noch zwischen einem halben und einem ganzen Jahr angeleitet werden müssen, bis sie selbstständig an Klassikern arbeiten können.«

Der Beruf des Kfz-Mechatronikers hat selbst jetzt – in den für das Auto turbulenten Zeiten – Zukunft. »Im Stuttgarter Raum ist das nach wie vor der beliebteste Ausbildungsberuf im Handwerk, und wir sehen nicht, dass sich da in Zukunft etwas dran ändern wird«, ist sich Mischa Fleischmann sicher.

Auch Frauen finden in der klassischen Männerdomäne Autowerkstatt zunehmend Gefallen an dem Beruf. Die Zahl der weiblichen Auszubildenden steigt seit Jahren leicht an. Dennoch arbeiten immer noch deutlich mehr Männer denn Frauen als Mechatroniker.

Wer sich für den Job in der Autowerkstatt interessiert, der sollte in erster Linie für das Thema Autos brennen. Darüber hinaus sind technisches Verständnis sowie Kenntnisse in Mathe und Physik Grundvoraussetzung für die Ausbildung. Idealerweise haben die Azubis auch einen Führerschein.

»Da der Beruf über die letzten Jahre immer komplexer geworden ist, verlangen die Werkstätten mittlerweile einen guten Realschul- oder einen sehr guten Hauptschulabschluss«, sagt Fleischmann zu den Einstellungsbedingungen.

Natürlich hängt immer von den Betrieben ab, welche Qualifikationen im Werkstattalltag gefragt sind. Dennoch lohnt es sich immer mehr, sich zum Oldtimer-Profi ausbilden zu lassen.

Vielseitig und abwechslungsreich: Kfz-Mechatroniker müssen sowohl Mechanik als auch Elektronik beherrschen

Werkstatt erklärt bekommen, was alles mit ihrem Auto nicht stimmt. Und dieses unsichere Gefühl möchten sie loswerden«, sagt Anna.

Probieren und studieren

Andere wiederum haben das Schrauben für sich als Hobby entdeckt und möchten ihre Kenntnisse ausbauen oder planen eine Oldtimer-Restaurierung. An der Fahrzeugakademie in Schweinfurt beschäftigt sich ein ganzer Lehrgang damit, wie man eine Restaurierung angeht und organisiert. Wer noch mehr möchte, der findet in San Francisco an der privaten Academy of Arts University sogar einen Studiengang »Automotive Restauration«. In zwei Jahren lernen die Studierenden hier nicht nur, wie man an alten Autos Teile tauscht, sondern auch, wie man Komponenten selbst repariert oder sogar neue Ersatzteile anfertigt. Als Lernobjekte dienen der Uni Autos aus der Oldtimer-Sammlung der Stephens-Familie, die sich maßgeblich am Entstehen dieses Studiengangs beteiligte.

Safety first

Man muss aber nicht zwingend zwei Jahre in ein Studium investieren, um ein passabler Schrauber zu werden. Schon eintägige Crashkurse bringen einen ein ordentliches Stück voran. Doch nicht alle Kursangebote sind gleich gut. Wenn beispielsweise ein Lehrer 20 Teilnehmer anleitet, dann kommt der Einzelne zu kurz. »Zwischen fünf und acht Mädels bilden eine Gruppe pro Kurs«, berichtet Matuschek. »Mehr können sich auch gar nicht um einen Motorraum herum aufstellen, sonst wird's unübersichtlich.« Schweißerkurse bei MP's Classic in Köln sind nur halb so groß. »Maximal vier Personen mit je einem Schweißgerät kann ein Trainer betreuen, sonst kommen die Teilnehmer zu kurz«, erklärt Pliquett.

Adressen

Fahrzeugakademie
Basiswissen, Oldtimer-Restaurierung, Schweißerkurse, Blechnerkurse, Sattlerkurse, Mechanik, Elektrik, Fahrzeugaufbereitung, Oldtimer-Recht
97421 Schweinfurt,
www.fahrzeugakademie.de

MP's Classics
Basiswissen, Blechbearbeitung und Schweißen, Fahrzeugelektrik
50859 Köln,
www.mpsclassics.com

Schraub, Mädchen!
Schrauberkurse für Frauen: Basis Oldtimer, Basis moderne Pkw, Fortgeschrittene Oldtimer
70372 Stuttgart,
www.schrauberkursfuerfrauen.de

Overcross
Zweitägiger Schrauberkurs für Geländewagen
72070 Tübingen,
www.overcross.com

Mobylas
Blechbearbeitung und Schweißen für Anfänger, Fortgeschrittene und als viertägiger Intensivkurs
44809 Bochum,
www.mobylas.de

Classic Cars Constance,
Basiswissen Oldtimer, Schrauben für Fortgeschrittene, Pflegeseminare
78467 Konstanz,
www.classic-cars-constance.com

Oldtimer Schrauberkurse
Reparaturen bestimmter Modelle: 2CV, Käfer, Bulli, Golf
Schweißerkurse
51467 Bergisch Gladbach,
www.oldtimerschrauberkurse.de

Oldtimer Lernwerkstatt
Dreitägiger Intensivkurs zum Thema Oldtimer-Restaurierung
97956 Werbach,
www.oldtimer-lernwerkstatt.de

Akademie des Handwerks
Oldtimer-Restaurierung, Blechbearbeitung und Schweißen, Lackieren
03046 Cottbus,
www.oldtimer-restaurieren-handwerk.de

Rewind Motoring
Basiswissen, Pannenbehebung unterwegs, Rostbeseitigung und Versiegelung, Pflegeseminar
53757 St. Augustin,
www.rewind-motoring.de

An der Academy of Arts University in San Francisco lernen die Schraubernovizen auch den Umgang mit großen Maschinen

Neben Kursgröße und qualifizierten Dozenten kommt es aber auch auf die Ausstattung und die Sicherheit an. Bei professionellen Schulungen achten die Verantwortlichen auf eine komplette Sicherheitsausstattung, die die Lernenden in der Regel selbst mitbringen müssen. Passende Sicherheitsschuhe, Schutzbrillen, Gehörschutz und Handschuhe, je nach Tätigkeit, sollte jeder Schrauber sowieso verwenden. Und die Profis müssen auch darauf achten, dass ihre Schützlinge die Ausrüstung korrekt tragen. Gerade beim Schweißen sind entsprechende Schweißerbrillen oder -helme wichtig, sonst können bleibende Schäden entstehen. Was man mitbringen muss, teilen die Anbieter aber vor dem ersten Termin mit.

Und dann gilt es eigentlich nur noch, das Gelernte in die Tat umzusetzen. Meistens stehen die Trainer auch nach den Kursen noch für Fragen und Ratschläge zur Verfügung, wenn es mal hakt. »Ich möchte einfach Begeisterung fürs Schrauben entfachen, egal ob an alten oder jungen Autos«, erzählt Anna Matuschek. »Der schönste Moment ist eigentlich, wenn meine Mädels am Ende des Tages vor einem fremden Auto stehen und mir genau sagen können, welche Bauteile sie dort vor sich sehen und wie sie nun die Zündkerzen oder den Luftfilter wechseln würden.« Ähnlich sieht das auch Markus Pliquett: »Wenn Teilnehmer nach einigen Wochen in ihrem Klassiker bei uns auf den Hof fahren und stolz berichten, was sie daran selbst repariert haben, erinnert mich das immer wieder daran, weshalb ich diesen Job so gerne mache.« Fest steht: Egal ob man nun schon als Kind den Werkzeugkasten des Vaters auswendig kannte oder das Interesse am Schrauben erst mit Mitte 50 entdeckt hat – lernen kann es wirklich jeder! ■

Sie können das!

Es stimmt wirklich: Eine Inspektion ist keine Raketenwissenschaft. Sie besteht aus vielen Kleinigkeiten, deren Einzelschritte fast alle überschaubar und leicht beherrschbar sind. Aber natürlich bereiten Sie sich vor und kaufen ein Werkstatthandbuch, oder besser mehrere, und besorgen gutes Werkzeug, es darf auch gebraucht sein. Dann noch die Werkbank aufräumen – und schon kann es losgehen.

Text Christian Bangemann
Fotos Uli Jooß

Elektrik
Beleuchtung, Scheibenwischer, Elektrolüfter, Heizgebläse und Kabelbaum: Die elektrischen Komponenten schrecken viele Schrauber ab. Im Rahmen einer Inspektion können aber auch Anfänger vieles überprüfen

Karosserie
Tür- und Haubenscharniere, Fensterheber, Gurte (so vorhanden), Verdeckmechanismus und natürlich ein Blick auf mögliche Korrosionsherde. Ein wenig Fett und gesunder Menschenverstand sind hier die besten Helfer

Motor
Ölwechsel, Zündkerzen, Verteiler, Ventilspiel, Luftfilter, Vergaser, Kühlsystem – hier gibt es eine Menge zu tun. Mit dem richtigen Werkstatthandbuch und passendem Werkzeug ist das alles kein Hexenwerk

Fahrwerk & Lenkung
Hier geht es um die Sicherheit. Spiel in Lenkung, Vorderachse, Antriebswelle, gebrochene Federn und verschlissene Bremsen lassen sich verhältnismäßig leicht aufspüren und oft auch beheben

*Los geht es mit dem Ablassen des **warm gefahrenen Motoröls***

*Ein gezielter Schlag auf den Schlüssel löst auch eine fest sitzende **Ölablassschraube***

***Werkstatthandbücher** findet man auf Teilemärkten, aber auch bei den großen Internetbörsen*

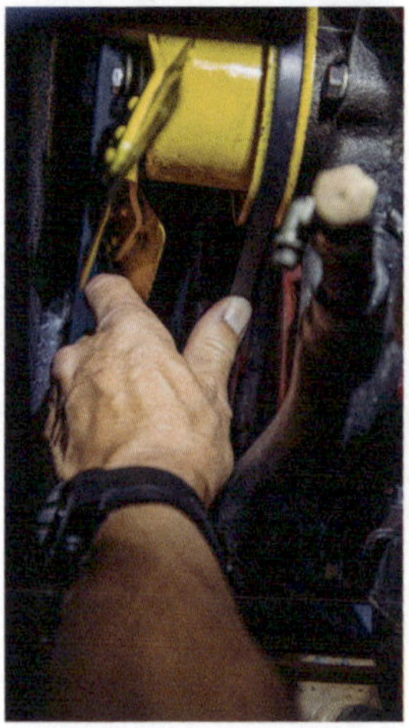

Der Daumendruck auf den ***Keilreimen*** zeigt, ob dieser nachgespannt werden muss

Die große Ölfilter-Vielfalt und passendes Werkzeug

Der Ölfilter soll Schmutz und Abrieb im Motor festhalten und muss regelmäßig getauscht werden. Im Laufe der Jahrzehnte haben sich verschiedene Spielarten entwickelt. Der **Vliesfilter (1)** wird beispielsweise bei Jaguar eingesetzt und verfügt wie der **Papierfilter (2)** über ein Gehäuse, das nicht ausgewechselt wird. Beim **Einwegfilter (3)** wird die Blechhülle dagegen mitentsorgt. Vor allem die Einwegfilter sitzen oft stramm, Spezialwerkzeug hilft bei der Demontage. Das **Krallenwerkzeug (4)** benötigt relativ viel Platz zum Ansetzen, ebenso die **Ölfilterkette (5)** und die **Ölfilterzange (6)**. Der **Bandschlüssel (7)** ist für beengte Platzverhältnisse geeignet.

Nasses Laub allerorten und morgens ein zarter Eisfilm auf Dach und Scheiben – die Klassiker-Saison ist schon fast wieder rum. Michael Schmidt, der Chef von Classic Line in Kirchheim am Neckar, unser Gastgeber bei dieser Geschichte und Experte für britische Klassiker, empfiehlt, den Herbst oder Winter für eine Inspektion zu nutzen. Denn dann ist bei den Oldtimer-Spezialisten traditionell wenig los. Ganz anders als im Frühjahr, wenn zu Saisonbeginn alle mit den Hufen scharren und ihr Auto unbedingt zum Check bringen wollen.

Und eine regelmäßige Inspektion muss sein. Selbst wenn die Klassiker heute weniger gefordert werden als vor 30 Jahren: Verschleiß bleibt nicht aus, Betriebsstoffe altern, und Rost kann ein Thema sein. Die Arbeiten kann man den Spezialisten überlassen oder selber machen. Denn die meisten alten Schätzchen sind nicht kompliziert aufgebaut, so wie der MGB aus dem Jahr 1968 auf diesen Seiten.

Inspektion kann jeder lernen

Es soll Oldtimer-Besitzer geben, die Schraubenzieher maximal zum Öffnen einer Flasche benutzen – sie wissen nicht, was ihnen entgeht. Denn Schrauben macht glücklich, meistens jedenfalls.

Wer nun bislang gar nicht selbst Hand angelegt hat, sollte mit kleinen Wartungsarbeiten beginnen, die weder Spezialkenntnisse noch Spezialwerkzeug benötigen. Wobei hier gerade englische Klassiker eigen sind, denn sie werden von zölligen Schrauben zusammengehalten. Der 15er-Ringschlüssel, mit dem man als Teenie die Torpedo-Dreigangnabe des Hercules-Rades gelöst hat, hilft bei ihnen nicht weiter. Schlüsselweiten wie 9 oder 16 Millimeter scheinen an MG, Morris und Co. zu passen – sie tun es nicht wirklich. Die Gefahr, mit ihnen Muttern und Schrauben rund zu drehen, ist enorm. Also investieren Sie in passendes Werkzeug und in Literatur zu Ihrem Auto. Werkstatthandbücher sind unabdingbar. Für gängige Klassiker halten die Clubs außerdem im Netz Servicepläne bereit, an denen man sich bei einer Inspektion orientieren kann.

Leider steht dort meist nicht, dass zur Inspektion das Warmfahren gehört. Denn warmes Öl fließt besser ab. Oft ist aber die Ablassschraube festgebacken. Ein Schlag auf den Schraubenschlüssel löst sie in aller Regel. Beim Herausdrehen

*Neues **Dämpferöl** für die SU-Vergaser des MG. Es darf nicht zu dickflüssig sein, sonst leidet das Ansprechverhalten des Vierzylinders. Hydrauliköl hat sich hier bewährt*

*Bei Arbeiten am **Vergaser** ist auf größtmögliche Sauberkeit zu achten. Gelangt beim Schrauben Schmutz in die Gasfabrik, können feine Bohrungen verstopfen*

__Luftfilter__ aus Papier (im Bild) sind Wegwerfartikel und können nicht gereinigt werden. Ölbad- oder Vliesfilter dagegen lassen sich auswaschen und erneut verwenden

*Rückstände aus dem Tank werden vom **Benzinfilter** zurückgehalten, bevor sie in den Vergaser gelangen können. Die Filter müssen regelmäßig ausgetauscht werden*

ist darauf zu achten, dass weder die Schraube noch der Dichtring in das Altölreservoir fällt. Während der verbrauchte Schmierstoff aus dem Motor rinnt (geben Sie ihm Zeit), wird der Ölfilter entfernt. Für störrische Einwegfilter kann dafür Spezialwerkzeug nötig sein. Montiert werden diese Filter ohne Werkzeugeinsatz. Ihre Dichtung wird mit Motoröl bestrichen, und dann werden sie nur handfest angezogen. Es kann nötig sein, sie vorher mit Motoröl zu befüllen. Bei liegender oder schräger Einbauposition werden sie nur so weit aufgefüllt, dass bei der Montage kein Öl herausläuft. Vollsynthetische Öle sind übrigens nicht gerade das Optimum für alte Motoren. Hersteller wie Liqui Moly, Motul oder Castrol bieten auf Klassikerbedürfnisse abgestimmte Schmierstoffe an. Der MGB braucht etwa 4,3 Liter davon.

Gefiltert werden auch Ansaugluft und Benzin. Die Luftfilter bei dem von Classic Line zur Verfügung gestellten MGB besitzen ein Gewebe, das ausgewaschen und neu mit speziellem Öl imprägniert werden kann. Vielfach kommen aber Papierfilter zum Einsatz, die bei Verschmutzung einfach ausgetauscht werden. Dasselbe gilt für Benzinfilter. Bei ihnen muss beim Wechsel auf die Durchflussrichtung geachtet werden, ein Pfeil auf dem Gehäuse zeigt sie an.

Sind die Luftfilter demontiert, ist ein Blick in den oder die Vergaser möglich. Bei Mehrfachvergaseranlagen müssen sich die Drosselklappen gleichzeitig öffnen, wenn sie vom Gasgestänge betätigt werden. Tun sie das nicht, sollten die Vergaser synchronisiert werden. Das ist eine Aufgabe für Marco Würtele, einen der Motoren-

*Zum Einstellen des Kontaktabstandes reicht in den meisten Fällen eine **Fühlerlehre**. Ambitionierte Schrauber können sich einen Schließwinkeltester anschaffen*

*Zwischen der Verteilerwelle und der Nase des **Unterbrecherkontakts** sorgt eine kleine Menge Fett anschließend für reibungs- und damit verschleißarmen Lauf*

*Wenn es im Motorraum sehr beengt ist, kann der **Verteiler** z. B. für den Austausch des Unterbrecherkontakts oder des Kondensators ausgebaut werden*

Das Kerzenbild: von ölig über hellbraun bis rußig

Seit 1902 gibt es **Zündkerzen**, deren erste Generationen gerade einmal 1000 km hielten, dann waren sie reif für den Schrott. Aktuelle Exemplare verkraften bis zu 100 000 km und sind prinzipiell auch für Oldtimer-Motoren geeignet. Vorausgesetzt, Gewindedurchmesser und -länge passen und der sogenannte Wärmewert stimmt. Vergleichstabellen der Zündkerzenhersteller geben Auskunft, ob die moderne Kerze zum alten Auto passt. Die Spitze der Kerze zeigt im Idealfall einen hellbraunen Belag. Ist sie dagegen verrußt oder verölt, stimmt etwas nicht. Ein zu fettes Gemisch oder mitverbranntes Motoröl können Ursachen sein.

fachmänner von Classic Line, der unsere Inspektion begleitet und ungleichmäßig arbeitenden Gasfabriken mit dem Unterdruckmessgerät und Erfahrung zu Leibe rückt.

Zeit zum Abkühlen

Während der Inspektion hat der Motor Zeit zum Abkühlen. Und wir arbeiten uns weiter an die eben noch heißen Bauteile heran. Vom Verteiler wird die Kappe abgenommen und auf Risse und Korrosion der innenliegenden Kontakte gecheckt. Dann ist der Verteilerläufer dran. An seiner schlanken Seite schaut ein Metallkontakt hervor – sieht er verbrannt aus, ist der Kunststoff versprödet? Wenn ja, ab in die Mülltonne mit ihm. Der Unterbrecherkontakt ist jetzt gut zugänglich, und sein Abstand kann im (durch den Nocken auf der Verteilerwelle) voll geöffneten Zustand mit einer Fühlerlehre geprüft werden. Aber nur, wenn beide Kontaktflächen absolut plan sind. Zeigt sich hier Abbrand, ist eine verlässliche Messung kaum möglich und ein Austausch steht an. Passt der Abstand dagegen, bekommt der Kunststoffhubnocken des Kontakts ein wenig Fett, damit er leicht auf der Verteilerwelle läuft.

Von der Verteilerkappe führen die Zündkabel zu den Kerzen. Sitzen hier alle Steckverbindungen stramm oder zeigt sich Korrosion, ist eins der Kabel angescheuert oder spröde? Austauschen. Wenn alles gut aussieht, Kabel reinigen, um Kriechströme durch öligen Schmutz zu vermeiden. Nun sind die Kerzen dran. Sind sie hell- bis mittelbraun, ist alles in Ordnung. Sind sie stark verrußt, verölt oder eine der Elektroden sichtbar abgetragen, stimmt etwas mit den Vergasern oder der Zündanlage nicht. Eventuell passt die Kerze nicht zum Motor oder Schmieröl gelangt an den Kolbenringen vorbei in den Brennraum. Um dem Fehler auf die Schliche zu kommen, sollte ein Fachmann zurate gezogen werden.

Unabhängig davon, ob danach neue oder gebrauchte Kerzen eingesetzt werden: Beim Einschrauben in den Motor sollte man sie immer von Hand eindrehen. So lässt sich ein Verkanten und damit Zerstören des Gewindes im Zylinderkopf vermeiden. Drehen Sie die Kerzen mit aufgesteckter Nuss handfest hinein; ist ein Hauch Kupferpaste am Gewinde, gelingt dies ganz leicht. Erst jetzt nehmen Sie die Knarre und drehen um 90 Grad weiter.

Freier Blick auf die MG-Kipphebel und ihre Einstellschrauben, ohne ***Zylinderkopfdeckel***

Ventilspiel (Abstand zwischen Kipphebel und Ventilschaft) mit der Fühlerlehre prüfen

Welches Blatt der ***Fühlerlehre*** *das korrekte ist, verrät das Werkstatthandbuch*

Um Ölundichtigkeiten zu vermeiden, müssen die Dichtflächen von altem Dichtungsmaterial gereinigt werden. Aluminiumflächen sind kratzempfindlich, beim Freischaben also gut aufpassen

Die ***Motorlager*** *sind auf Risse oder Versprödungen zu untersuchen*

Den **Schlagschrauber** nur zum Lösen der Radschrauben nutzen, nie zum Festziehen

Ohne Trommel lässt sich die ***Trommelbremse*** *auf Verschleiß und Undichtigkeit checken*

Undichten ***Radzylindern*** *kommt man mit einem Blick unter die Gummimanschetten auf die Spur*

Ist die Belagstärke der Bremsklötze noch ausreichend? 4 mm sollten es bei einer ***Scheibenbremse*** *sein. Teuer sind die Teile für gängige Klassiker nicht*

*Bevor neues Fett in den **Bowdenzug** der Handbremse gepresst wird, unbedingt den Schmiernippel reinigen*

*Sichtkontrolle der **Hydraulik-Vorratsbehälter** für Bremse und Kupplung. Liegt der Stand unter Minimum, müssen alle Leitungen auf Dichtheit überprüft werden*

Spiel am Ventil

Nach dem Abnehmen des Zylinderkopfdeckels können die Ventile des MGB überprüft und eingestellt werden. Das ist allerdings nicht bei allen Klassikern so unkompliziert: Wenn für diese Arbeit die Nockenwelle oder -wellen ausgebaut werden müssen, sollten Schraubernovizen unbedingt professionelle Hilfe in Anspruch nehmen. Beim MGB mit seinen Stößelstangen und Kipphebeln reichen für diese Arbeit Fühlerblattlehre, Schraubendreher und Ringschlüssel. Vor dem Check muss die Kurbelwelle positioniert werden. Wir beginnen mit Zylinder 1. Beide Ventile müssen geschlossen sein, der Kolben befindet sich im oberen Totpunkt (OT). Um den zu finden, hilft ein Blick auf die Keilriemenscheibe. Dort befindet sich eine Markierung, die passend zu ihrem Gegenstück am Motorgehäuse ausgerichtet werden muss. Gedreht wird die Kurbelwelle an der großen Schraube in der Mitte der Riemenscheibe per Schraubenschlüssel.

Keine Experimente an der Bremsanlage

Arbeiten an der **Bremse** erfordern Spezialkenntnisse und sind nichts für Neuschrauber. Eine regelmäßige Sichtkontrolle sollten aber auch Novizen durchführen, denn wer den Zustand der Bremse über einen längeren Zeitraum beobachtet, kann bei Veränderungen und Auffälligkeiten zum Fachmann fahren und vermeidet so überraschend auftretende Probleme. Verölte Beläge gehören in jedem Fall in den Schrott. Von Versuchen, sie mit Bremsenreiniger oder Benzin zu säubern, raten wir dringend ab.

*Verschlissene Scheibe mit starkem **Grat** am Rand*

*Ungleichmäßiges **Tragbild** durch kaputten Bremssattel*

*Verölter **Bremsbelag** mit Hitzerissen*

Bei entlastetem Rad lässt sich schon minimales Spiel in ***Radlager*** *oder Spurstangen mit Rüttelbewegungen feststellen, hier ist Fingerspitzengefühl gefragt*

Zwischen Ventilschaftende und Kipphebel zeigt sich jetzt ein Spalt: das Ventilspiel. Beim MG-Motor sollte das 0,35er-Blatt der Fühlerlehre mit ganz leichtem Widerstand durch den Spalt geschoben werden können. Geht es widerstandslos durch, versuchen Sie das 0,4er-Blatt. Lässt sich auch das durchschieben, muss das Spiel per Stellschraube am Kipphebel verkleinert werden. Auch wenn das 0,30er-Blatt nicht durchgeschoben werden kann, ist eine Justage nötig. Und nach dem Festziehen der Stellschraube muss noch einmal kontrolliert werden. Mit dem Drehen der Kurbelwelle wird anschließend Zylinder 2 in den OT gebracht – und so weiter. Und weil wir gerade an der Riemenscheibe arbeiten, schauen wir den Keilriemen an. Risse qualifizieren ihn für den Wurf Richtung Mülltonne. Mit leichtem Daumendruck prüfen wir die Spannung, etwa 15 Millimeter darf er nachgeben. Ein Blick auf den Kühlmittelstand beschließt die Arbeiten am Motor.

Umgreifen die Hände das Rad beim ***Rütteltest*** *links und rechts, lässt sich Spiel in den Spurstangen checken. Hände oben und unten detektieren Radlagerspiel*

Zeigt sich beim gegenläufigen Verdrehen eines ***Kreuzgelenks*** *Spiel, ist eine Überholung angesagt. Mittig ist hier ein Schmiernippel zu sehen, der mit Fett versorgt werden muss*

*Beim MGB schützen **Faltenbälge** Teile der Lenkung und verhindern, dass Dreck eindringt und Fett herausquillt. Die Bälge dürfen keine Löcher haben, sonst müssen sie getauscht werden*

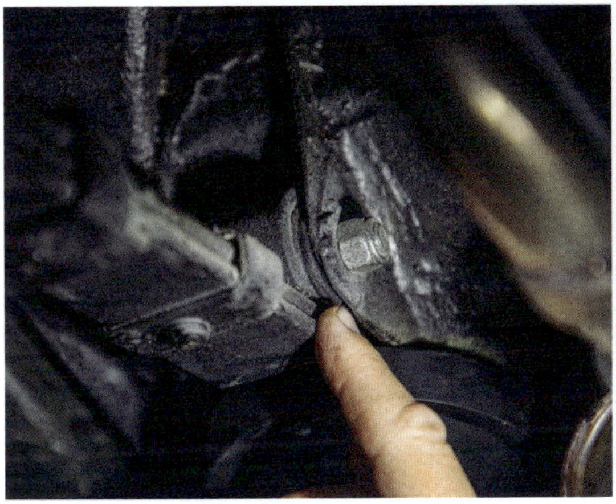

*Einzelne Lagen der **Blattfedern** können brechen, Korrosion kann die Feder schwächen, und die Gummibuchsen können an den Enden altern. Eine Sichtprüfung gehört daher zur Inspektion*

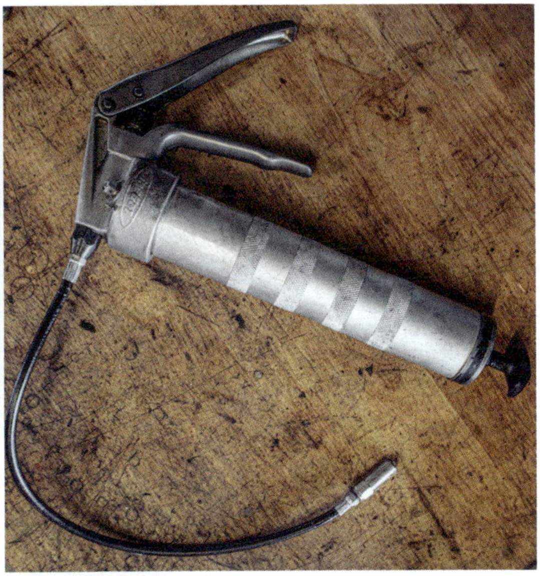

*Ohne **Fettpresse** keine Inspektion. Schmiernippel an Fahrwerk, Lenkung, Handbremse etc. wollen versorgt werden, meist ist Mehrzweckfett völlig ausreichend*

*Beim Schmierdienst sollte die zu fettende **Lagerstelle** entlastet sein. So ist auf jeden Fall gewährleistet, dass das Fett an die bedürftigen Stellen gelangen kann*

Kommen wir zum Fahrwerk: Bevor die Räder demontiert werden, um die Bremse zu checken, rüttelt Mechaniker Würtele an ihnen. Zeigt sich hier Spiel, sind Radlager oder Achsgelenke und Spurstangenköpfe zu untersuchen und im Zweifel zu tauschen. Trommelbremsen besitzen auf der Innenseite ein dickes sogenanntes Bremsankerblech, an dem der oder die Radzylinder festgeschraubt sind. Es muss staubtrocken sein. Zeigt es sich im unteren Bereich schmierig, deutet dies auf

Checkliste: Klassikerinspektion

- ☐ **Vorbereitung**
  Die Inspektion beginnt nicht, wenn die erste Ablassschraube gelöst wird. Sie startet mit dem Einkauf von Ölen, Filtern, Kerzen, Keilriemen, Kontakten und all den Teilen, die ausgetauscht werden müssen. Kaufen Sie besser einen Liter Motoröl zu viel als zu wenig. Selbst wenn Sie ihn nicht direkt benötigen, packen Sie ihn für lange Ausfahrten als Reserve ins Auto. Legen Sie das Werkzeug und – ganz wichtig – das Handbuch bereit. Wer eine Werkbank hat, sollte sie vor der Inspektion aufräumen, Ordnung erleichtert die anstehenden Arbeiten.
- ☐ **Warmfahren**
  Es gibt Klassiker, bei denen das Ventilspiel bei warmem Motor gecheckt werden muss, Opels CIH-Motoren gehören dazu. Beim Gros der Klassiker, so auch beim MGB, müssen die Ventile aber kälter als 50 Grad sein, damit die Einstellung funktioniert. Dennoch muss der Motor warm gefahren werden. Denn wenn das alte Öl Betriebstemperatur hat, läuft es wesentlich besser ab.
- ☐ **Ölwechsel**
  Mit dem Ablassen des alten Öls starten die Arbeiten am Auto. Je nachdem, wie groß die zu wechselnde Menge ist, muss ein entsprechender Auffangbehälter unter der Ablassschraube platziert werden. Nach dem Ablassen gleich den Filter wechseln.
- ☐ **Fahrwerks-Check**
  Das Auto steht ohnehin auf der Bühne, und der Motor ist noch zu warm für weitere Arbeiten, dann checken wir das Fahrwerk. Das Aufstöbern von zu viel Spiel oder spröden Gummilagern und das Abschmieren pflegebedürftiger Lager sind jetzt an der Reihe.
- ☐ **Bremse**
  Mit den Rädern auf Augenhöhe ist die Überprüfung der Bremse schnell erledigt. Abgenutzte Beläge, Undichtigkeiten und poröse Schläuche sind gut zu sehen.
- ☐ **Korrosion**
  Wütet der rote Tod unter dem Auto? Oder ist nur die Unterbodenwachsschicht angegriffen? Jetzt ist die Gelegenheit für Gegenmaßnahmen. Rostige Bremsleitungen tauscht der Fachmann.
- ☐ **Vergaser**
  Im Motorraum herrscht wieder Werkstatt temperatur, ein Blick auf Luft- und Benzinfilter sowie die Vergaser bietet sich jetzt an.
- ☐ **Zündgeschirr**
  Verteilerkappe und -läufer, Unterbrecherkontakt, Zündkabel, Kerzen und die gesamte Peripherie bekommen Zuwendung und werden bei Verschleiß ausgewechselt.
- ☐ **Ventile**
  Prüfung des Spiels, das gegebenenfalls eingestellt werden muss.
- ☐ **Elektrik**
  Funktionieren alle Verbraucher? Sind spröde Kabel oder korrodierte Anschlüsse zu finden und zu beseitigen?
- ☐ **Karosserie**
  Verdeckgestänge, Türscharniere und Schlösser prüfen und gegebenenfalls schmieren. Kühlmittelstand prüfen.
- ☐ **Probefahrt**
  Klappert auch nichts? Bleibt das frische Öl im Motor? Ungewöhnliche Geräusche?

Nach dem Tausch der Glühlampen unbedingt die Einstellung der ***Scheinwerfer*** *kontrollieren (lassen)*

einen undichten Radzylinder hin, der unbedingt getauscht gehört. Dazu muss dann die Bremstrommel runter. Für einen Blick auf die Bremsbeläge ist das nicht nötig, denn das Bremsankerblech besitzt eine Kontrollöffnung. Man sollte auf mindestens zwei, besser drei Millimeter dicke Bremsbeläge schauen.

Klassikerfahrer, die selber schrauben, entwickeln oft ein feines Gespür für die Technik ihres Autos

Bremse? Fachmann!

Großflächige Roststellen an den Scheiben der Vorderachse sind tabu, die Reibbeläge dürfen nicht weniger als vier Millimeter stark sein, und rissige, geknickte oder angescheuerte Bremsschläuche sind natürlich auch ein K.-o.-Kriterium. Spätestens alle zwei Jahre sollte sich ein Fachmann die Bremsanlage anschauen und dabei die Flüssigkeit tauschen. Sie altert, einerlei ob der Klassiker gefahren wird oder nicht. Beim MGB will zudem der Handbrems-Bowdenzug mit der Fettpresse behandelt werden. Vorher unbedingt den Schmiernippel reinigen, damit nicht frisches Fett und Schmutz gemeinsam eingepresst werden. Das gilt natürlich für alle Schmiernippel.

Welches Fett das richtige ist, darüber wird an Klassikerstammtischen gern diskutiert. In den allermeisten Fällen ist einfaches Mehrzweckfett ausreichend. Ob und an welchen Stellen spezielle Fette benötigt werden, verrät das Handbuch.

Nur bei kalten Reifen zeigt die ***Luftdruckkontrolle*** *korrekte Werte, diesen Check ans Ende der Inspektion legen*

Ist der ***Auspuff*** *dicht? Nur an den Steckverbindungen darf er leicht abblasen. Undichtigkeiten durch Risse oder Korrosion müssen behoben werden*

Wer ***Radschrauben*** *zu fest anzieht, kann die Bremse beschädigen, darum immer mit Drehmomentschlüssel arbeiten*

Auch Klassiker fahren mal bei Regen, darum gehört ein Check der ***Scheibenwischer*** *zur Inspektion dazu. Eingerissene Gummilippen lassen sich einzeln tauschen*

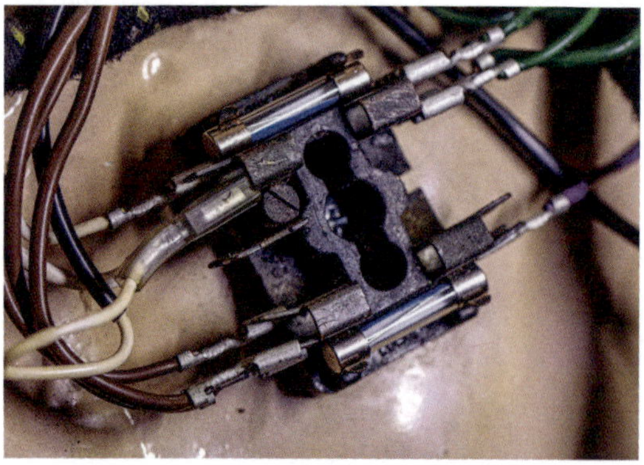

Auch ***Sicherungen*** *altern und können an den Polen korrodieren. Sie sind billig und leicht zu tauschen, dabei auf die korrekte Amperezahl achten*

Ein Blick auf den ***Starter-Akku*** *zeigt, ob sich um die Anschlusspole Korrosion gebildet hat. Wenn nötig, die Kabelklemmen mit einer Drahtbürste säubern*

Mechaniker Marco Würtele geht auf ***Probefahrt****, die bildet den Abschluss der Inspektion. Danach zeigt ein finaler Blick unter das Auto, ob auch alles dicht ist*

Ist der MG ein Zischler oder Bläser? Dann ist wohl der Auspuff undicht. Nachgerüstete Edelstahlanlagen, wie die Gusskrümmer, können reißen. Abblasen darf die Abgasanlage aber nur minimal, und zwar an jenen Stellen, an denen Einzelteile ineinandergesteckt sind.

Fahrwerk in Ordnung?

Wenn wir schon unter dem Auto sind, schauen wir uns natürlich das Fahrwerk an. Spröde Buchsen, gebrochene Blattfedern oder rissige Faltenbälge vermiesen im harmlosesten Fall den Fahrspaß, sind aber vor allem ein erheblicher, teilweise gefährlicher Mangel. Eine Blattfeder ist schnell getauscht, das schafft jeder Novize. Beim Faltenbalg der Lenkung geht man besser auf Spezialisten zu, denn diese wissen auch, welche Ersatzteile empfehlenswert sind und bei welchen die Qualität nicht stimmt. Ein gründlicher Blick in alle Ecken zeigt uns bei dieser Gelegenheit, ob der Korrosionsschutz noch komplett ist oder ob hier Handlungsbedarf besteht.

Langsam nähern wir uns dem Ende, die Räder kommen wieder drauf. Die Radschrauben bitte nicht mit dem Schlagschrauber anknallen, dabei kann sich eine Bremstrommel verziehen. Jetzt noch den Luftdruck kontrollieren und einen Blick auf die DOT-Nummer der Reifen werfen. Sie ist auf der Flanke eingeprägt und sollte ein Herstellungsdatum zeigen, das maximal zehn Jahre zurückliegt; rissig dürfen die Reifenflanken natürlich auch nicht sein.

Zeit für eine abschließende Probefahrt. Classic-Line-Experte Würtele checkt auf einer nicht zu kurzen Runde alle Funktionen des MG und lauscht konzentriert, ob Antrieb und Fahrwerk auch keine ungewohnten Geräusche von sich geben. Sie tun es nicht, und der Motor behält den frischen Schmierstoff bei sich. War das jetzt so kompliziert? Mit ein bisschen Unterstützung kann jeder so eine Inspektion durchführen und sein Werkzeug endlich bestimmungsgemäß einsetzen. ■

Tipp

Es ist noch kein **Schrauber** vom Himmel gefallen. Für Anfänger bietet es sich daher an, mit einem versierten Bekannten in die ölige Materie einzusteigen. Fehlt so ein Buddy im Bekanntenkreis, helfen Oldtimer-Clubs weiter. Eine Mitgliedschaft zahlt sich hier mehrfach aus, weil nicht nur enorm viel technisches Wissen vorhanden ist und teilweise Schrauberkurse angeboten werden. Clubkameraden können in der Regel auch bei der Teilesuche behilflich sein. Und gemeinsam macht eine Inspektion schlussendlich oft mehr Spaß.

Schrauben am Straßenrand

Manchmal bleibt auch dem versiertesten Meister des Maulschlüssels nichts anderes übrig, als am Straßenrand zu improvisieren – etwa unterwegs bei einer Panne oder bei Platzmangel rund um die Studentenbude. Dazu ein paar Hinweise und Tipps.

Text Anna Matuschek · **Fotos** Anna Matuschek, Archiv, Getty Images, Fotolia (1)

Notbehelfe

Ein Campingtisch taugt im Zweifel als Ablage-Werkbank, ein alter PVC-Boden schützt das Erdreich vor austretenden Flüssigkeiten wie Öl, Kühlmitteln oder Fetten

Kleine Tasche, große Mache
Es braucht keinen voll ausgestatteten Werkstattwagen für Reparaturen am Wegesrand

Kleinigkeit
Je nach Wissensstand unterscheidet sich der Horizont zwischen einem kurzen Blick in den Maschinenraum oder dem Tausch einer Zylinderkopfdichtung

Bitte nicht: kippelige Klötzchen an nicht tragenden Teilen

Gegen Hals- und Beinbruch

Das **Allerwichtigste beim Schrauben ist der Schrauber selber!** Bevor irgendwer irgendwas macht: Die Basis liegt immer beim richtigen Aufbocken. Man muss sich ganz sicher sein, wo die geeigneten tragenden Teile am Unterboden sind. Der Wagenheber im Bordwerkzeug ist ein reiner Notbehelf und altert ebenso wie das Fahrzeug. Eine brechende Gewindestange aufgrund von Ermüdung will niemand erleben – glaubt es einfach. Wer vorhat, längerfristig größere Reparaturen zu erledigen, sollte sich einen anständigen Wagenheber und Unterstellböcke anschaffen. Gegen eine zusätzliche Absicherung mit Holz oder Backsteinen ist nichts einzuwenden, aber eben nur als doppelter Schutz. Es ist kein Geld gespart und kein Vergnügen, wenn durch fahrlässiges Verhalten Mensch und Maschine zu Schaden kommen. So lustig die Beispiele auch sind, sie sollten nicht aus reiner Sparsamkeit nachgemacht werden und dienen lediglich der Abschreckung. Besten Dank.

Immerhin: Wenn das Holz nachgibt, fällt der Bulli nur auf die Räder. Trotzdem: So nicht!

Auto geht aus, Reifen platt, ein komisches Geräusch. Was tun? Stehen bleiben und in ersten Schritten nach dem eventuellen Problem suchen. Mit oder ohne Bordstein – nun gehört man schon zu den Straßenrandschraubern. Zu denen, die aus der Not heraus am Auto schrauben oder es zumindest versuchen.

Wer erst mal Blut – pardon Öl und Benzin – geleckt hat, kommt schnell auf die Idee, kleine Projekte am Wegesrand zu reparieren, eine Inspektion durchzuführen, oder gar mittlere Restaurierungsprojekte durchzuziehen. Der Feind: die bösen Nachbarn, die so ein Gelage nicht gerne betrachten. Die Feuerwehr oder Polizei, die äußerst allergisch auf Öl, Kühlflüssigkeit oder sonstiges umweltschädliches Gut um die Kanalisation reagiert. Und die schlimmsten Gegner: Nacht und/oder Regen. Sowieso gibt es wenige, die zum Bordsteinschrauber geboren werden. Es sind meist diejenigen, die mit Messer, Gabel, Hammer und ein bisschen Klebeband bis in die Morgenstunden tätig sind, ohne dabei zu realisieren, dass das Tauschen einer Antriebswellenmanschette in der Werkstatt im Verhältnis billiger gewesen wäre. Und auch diejenigen, die erst nach dem Verklopfen mehrerer Eier ins Kühlsystem akzeptieren, dass die Idee der Abdichtung zwar im Ansatz Sinn ergibt, aber das Erfolgserlebnis ausbleibt. Der Kühler ist kaputt, und das kann auch das Erzeugnis einer Henne nicht richten.

Kleiner Schwank aus meiner Vergangenheit während der Ausbildung zur Kfz-Mechanikerin: Im Betrieb verwöhnt mit vollem Equipment, gab es bei der Unterstützung von Freunden all das nicht. Bei einem kleinen Einkommen ist die Anschaffung eines 50 Euro teuren Wagenhebers schwer zu finanzieren, aber irgendwer hat noch einen guten gebrauchten. Für zehn Euro. Oder gegen eine Kiste Bier. Bei der Abholung stellt sich heraus, dass sie oder er ähnlich drauf ist. Ruck, zuck ist der Grundstein für eine Zusammenarbeit gelegt. Jemand gefunden, den man anrufen kann, wenn man samstags um 21 Uhr noch drei Schellen und 30 Zentimeter Spritschlauch braucht, um seine Tat zu vollenden.

Alles privat

Die Regeln in Sachen Umweltschutz gelten immer, egal ob Privatgrundstück oder Straße. Wer sich nicht benimmt, hat schnell das Ordnungsamt an den Hacken. Das gilt natürlich auch für Ruhestörung der Nachbarn

Wetter? Egal!

Ob bei 40 Grad Celsius und Sonnenschein oder eisiger Kälte, Bordsteinschrauben heißt improvisieren. Nicht nur bei der Wahl des Werkzeugs

Pannenhilfe
hat Suchtpotenzial. Wer sich auskennt, ist gerne gesehen – das zeigt die Erfahrung. Wenn ihr was könnt: ausprobieren und Leute kennenlernen

Schrauber-Zusammenhalt

So entwickelt sich ein Kreis von Gleichgesinnten, denn auch das Gegenüber wird sich melden, wenn sonntags um 15 Uhr ein halber Meter 0,5 Millimeter starkes braunes Kabel fehlt, oder ob man eventuell noch eine Thermostatdichtung übrig hat. Und: Ob man die mal kurz ans Autobahnkreuz XY bringen könnte, weil es gerade schon dringend wäre. Und dann muss das klappen, weil einem sonst die Connection für 0,5 Liter Getriebeöl montags um 23.12 Uhr flöten geht.

Richtig spannend ist das Bordsteinschrauber-Dasein auf Reisen. Schon beim Packen wird abgewogen, ob man lieber den großen Wagenheber oder den gemütlichen Liegestuhl mitnimmt. Könnte die Lichtmaschine kaputtgehen? Oder macht es eher Sinn, für das lange Warten auf den Pannendienst noch zwei Dosen Ravioli im Bestand zu haben? Wer auf Nummer sicher gehen will, rüstet erst mal eine Anhängerkupplung nach und einen Werkstattanhänger mit Ersatzteilkonvolut ein.

Hat man die deutschen Grenzen passiert, kommt noch eine Sprachbarriere hinzu. Im Nachbarland Frankreich stellte sich die Suche nach einem Unterbrecherkontakt für einen VW Käfer als große Herausforderung dar. Problem: Aussprache. »Fies platin« sollte dem eigentlichen Fachbegriff »vis platiné« doch im Ansatz ähneln. Pustekuchen, oder besser: Quiche Lorraine. Keiner konnte oder wollte das Verschleißteil aushändigen. Ein vergleichsweise kleines Problem im Vergleich zu meiner australischen Schraubertournee. Als geübter Bastler hat man im Land der Backpacker reichlich verzweifelte Kundschaft, von überlebensnotwendigen Verschleißreparaturen bis zum Kupplungstausch.

Wer nach dem richtigen Werkzeug kräht, ist nicht zum Bordsteinschrauber geboren

Der Käfer und die Damenstrumpfhose – ein Mythos, der wohl ewig währt

Legendäre Mythen

- Taugt ein Damenstrumpf als temporärer **Keilriemenersatz?** Früher: ja. Heute: nein. Warum? Die heutigen Strümpfe haben einen zu hohen Kunststoffanteil. Früher waren die Wadenwärmer aus Baumwolle, die hohe Reibtemperatur besser abkonnte. Heute reißt das Gewebe schon beim Anlassen des Motors.
- **Ein Ei macht den Kühler dicht.** Das kann bei kleinen Beschädigungen tatsächlich etwas bringen. Dummerweise weiß das tierische Dichtmittel nicht, wo sein Einsatzgebiet ist und verklebt/verengt auch alle anderen Durchlässe. Heißt: Nach dem Versuch muss das System komplett wieder gereinigt werden. Das gilt übrigens auch für professionelles Kühlerdichtmittel.
- **Tetra Pak als individuelle Dichtung.** Tatsächlich können auf Form geschnittene Milch- oder Fruchtsaftverpackungen die Notlösung bei Undichtigkeiten sein. Allerdings sollte der Einsatz im Rahmen gehalten werden. Am Thermostat kann sich der Versuch lohnen. Das Experiment, eine Zylinderkopfdichtung zu improvisieren, kann man sich jedoch sparen.
- **Hochprozentiges für die Waschanlage.** Klappt, es muss nur genug Jacky, Wodka und Co. sein. Es obliegt natürlich der Person, ob eine volle Pulle oder doch Frostschutz für die Waschanlage parat liegt. Dennoch ist der Tipp nicht ganz abwegig: Ist der Zusatz im Notfall an der Tanke ausverkauft, nimm die Duftnote »Eckkneipe«.
- **Kaugummi zur äußeren Anwendung.** Je nach Zusammensetzung und Leck kann Kaugummi tatsächlich ein Notbehelf sein. Und wenn nicht, sieht man am aufgeblähten Pfefferminz-, Kirsch- oder Orangenballon immerhin, ob man die Schadstelle eindeutig identifiziert hat.

Können und dürfen

Es ist natürlich niemandem übel zu nehmen, dass er oder sie seine Auszeit bevorzugt am Strand und nicht im trockenen Inland verbringt. Logisches Ergebnis: Rost. Und zwar so gut wie an jedem Gewinde. Das wichtigste Spezialwerkzeug ist dann eine ganze Kolonne Gaskartuschen und ein Brenneraufsatz. Und das im Land der großen Brände und nach dem Unterzeichnen der Campingplatzverordnung, in der das Schrauben an Autos untersagt ist.

Papier und Realität unterscheiden sich eben, und so wurde mir die havarierte Kundschaft von der Campingplatz-Security direkt vor die Klappe meines Kombis gebracht: »Da, die müsst ihr fragen, die hat Ahnung«, hieß es. Ein Lob, welches so viel herzlicher und ehrlicher rüberkam als ein stumpfes Blatt, auf dem steht, dass man 3,5 Jahre was gelernt hat (Gesellenbrief). Was den Arbeitsumfang angeht, haben die Recherchen ergeben, dass Notreparaturen im öffentlichen Straßenraum okay sind. Gemeint ist damit sicher eher das Tauschen eines Rads als ein Ölwechsel. Oder?

Renato Gigliotti vom Ministerium für Inneres, Digitalisierung und Migration Baden-Württemberg antwortet auf die Anfrage: »Egal ob Hobby oder alltägliche Fahrzeugnutzung, grundsätzlich unterliegen alle Pkws bei der Nutzung von öffentlichen Straßenbereichen den gleichen Regeln. Diese Nutzung muss im Sinne des sog. Gemeingebrauchs stehen, welcher durch § 13 Straßengesetz Baden-Württemberg rechtlich normiert ist. Bei Fahrzeugen erfordert der Gemeingebrauch einen ‚Fortbewegungszweck'. In diesem Zusammenhang stehende Nutzungen, wie etwa das Parken, sind hierbei erlaubt. Ist ein erforderlicher Gemeingebrauch jedoch nicht mehr zu begründen, ist man schnell im Bereich einer ‚Sondernutzung'. Betriebsunfähige oder abgemeldete Kraftfahrzeuge müssen raus aus dem öffentlichen Verkehrsraum. Bei betriebsunfähigen Pkws sind darüber hinaus die Regelungen des § 32 Straßenverkehrsordnung (Verkehrshindernisse) zu beachten. Entsprechende Fahrzeuge werden hierbei als Gegenstand eingestuft und dürfen nicht auf der Straße abgestellt werden. Dieser Tatbestand würde im Übrigen auch greifen wenn zum Beispiel Werkzeug auf dem Gehweg abgelegt wird oder im Zuge einer Schrauberhandlung ausgetretene Betriebsstoffe nicht restlos beseitigt werden. Im Hinblick auf die Betriebsstoffe ist zu beachten, dass wassergefährdende Stoffe nicht in die Kanalisation gelangen dürfen. Dies bezieht sich selbstverständlich auch auf Reinigungsund Schmierstoffe. Nach dem Wassergesetz Baden-Württemberg gilt das auch für private Flächen. Es geht also darum, andere Verkehrsteilnehmer bzw. die Umwelt zu schützen. Daneben kann es kommunale Regelungen zum Lärmschutz geben.

Jetzt kann man entgegnen, dass Pannendienste ebenfalls kleinere Bordsteinreparaturen an Fahrzeugen durchführen. Das stimmt; der Unterschied ist, dass diese auch im Bezug auf den Umweltschutz und die Gefahren von Reparaturen geschult sind. Auch wenn es ein paar Euro mehr kostet, nutzen Sie lieber eine Mietwerkstatt. Dort arbeiten Sie im Warmen und Trockenen, können im Fall des Falles auf das passende Werkzeuge zugreifen und vielleicht auch noch den ein oder anderen wichtigen Tipp ergattern.«

Ich bedanke mich für die vollumfängliche Antwort und appelliere an alle aktuellen und zukünftigen Bordsteinschrauber: Tut nichts, was ihr euch nicht zutraut, arbeitet sauber und geht keinem auf dem Keks. ■

Tipp

Wer selbst an seinem Auto schrauben möchte, ist gut beraten, sich zur Vorbereitung das passende **Do-it-yourself-Handbuch** anzuschaffen. Schon beim Einlesen wird klar: Verstehe ich alles, die Hälfte, oder sollte ich erst einmal Nudeln kochen können, bevor ich mich an handgemachten Spätzle versuche? Spaß beiseite: Mit dem Tauschen der Zündkerzen tut man keinem weh, mit schlecht ausgeführten Arbeiten an der Bremse durchaus. Im Zweifel hilft der Besuch einer Mietwerkstatt zu Durchführung und Nachkontrolle.

Ein- und Ausmotten

Die Winterpause gehört zum Klassiker wie der Mittagsschlaf zur ausgewogenen Lebensführung. Anders als biologischen Entitäten bekommt dem Oldie die Ruhepause aber nicht automatisch. Er braucht beim Einmotten und der Wiedererweckung etwas Zuwendung.

Text Klaus Finkenburg · **Fotos** Archiv

*Manch einer verlegt den **Ölwechsel** lieber ins Frühjahr, auf der sicheren Seite bewegt sich aber, wer den Austausch der Schmierstoffe vor der Winterpause durchführt*

*Vor dem Einmotten wird der **Tank aufgefüllt,** das beugt Korrosion an seinen Innenflächen vor*

*Standplatten an den Reifen lassen sich am besten durch **Aufbocken** des Fahrzeugs an allen vier Rädern vermeiden*

*Vorm Einmotten unbedingt den Zustand der **Kühlflüssigkeit** prüfen. Gegebenenfalls muss eine ausreichende Menge Frostschutzmittel nachgefüllt werden*

Sicher, es gibt sie, diese beinharten Zeitgenossen, die automobiles Kulturgut gnadenlos auch durch Schnee, Matsch und Salz auf den Straßen prügeln. Die meisten Oldtimer-Besitzer aber sind zarter besaitet, sodass sie derlei Torturen eher vermeiden. Spätestens im November jeden Jahres, wenn das Klima, Wandel hin, Wandel her, zunehmend kalt und ungemütlich wird, verordnen sie ihrem Gefährt eine Ruhepause. Das schont die Nerven und teures Material. Da die Standzeit mehrere Monate währt, ist es unumgänglich, das Fahrzeug entsprechend vorzubereiten. Das kostet nicht wirklich viel Zeit und erleichtert die Wiederinbetriebnahme erheblich. In der Regel reicht es dann, im nächsten Frühjahr ein paar Routinearbeiten durchzuführen, dann darf der Klassiker zurück auf die Piste. Der ideale Abstellort fürs Auto ist frostfrei, aber mäßig temperiert, die relative Luftfeuchtigkeit sollte nicht über 50 Prozent liegen. Sinnvoll ist es übrigens, die Fenster etwas herunterzukurbeln, so ist für eine gute Dauerbelüftung des Innenraums gesorgt. Bei Cabrios ist es empfehlenswert, auch das Dach nicht ganz zu schließen, das schont das Verdeckmaterial und die Mechanik.

Man sagt: Wie man sich bettet, so liegt man. Das gilt für Oldtimer im Winterschlaf genauso

Sorgfalt zahlt sich aus

Die beim Einmotten anstehenden Arbeiten sind allesamt nicht kompliziert. Über simples Putzen und Polieren gehen sie dennoch hinaus, daher bietet sich hier für bislang schraubfaule Zeitgenossen eine gute Gelegenheit, ihre Hemmungen, selbst Hand anzulegen, zu überwinden. Es beginnt ganz harmlos damit, das Fahrzeug gründlich zu reinigen. Am besten geschieht dies in einerWaschbox, dabei auch in Radhäuser und an den Unterboden sprühen, so wird Schmutz beseitigt, der Feuchtigkeit speichern und Korrosion begünstigen könnte. Bei einer anschließenden Durchsicht des Autos entdeckte Schäden an Lack oder Unterbodenschutz werden per Pinsel beziehungsweise Lackstift ausgebessert, Chrom- und Gummiteile mit entsprechenden Pflegemitteln konserviert. Auf jeden Fall sollte nun die Kühlflüssigkeit kontrolliert werden. Achtung: Dies geschieht grundsätzlich bei kaltem Motor, da das Kühlsystem im Betrieb unter Druck steht. Der Flüssigkeitsstand kann anhand einer Skala im Ausgleichsbehälter abgelesen werden, zur Bestimmung der Frostschutzmittel-Konzentra-

*Vorm Einmotten das Fahrzeug **gründlich waschen**, dabei Radhäuser und Karosseriewinkel nicht vergessen. Nun werden Lackfehler und Schäden am Unterbodenschutz ausgebessert*

*Ein Blick in die Fahrzeugpapiere zeigt, ob die **Hauptuntersuchung** bald fällig ist. Im Zweifelsfall den Termin vorziehen, sonst drohen im Frühjahr ein Bußgeld oder gar Punkte in Flensburg*

tion wird ein Messgerät benötigt. Solche Flüssigkeitsprüfer sind in verschiedenen Bauarten im Zubehörhandel erhältlich. Einfache Geräte in Pipettenform gibt es bereits für unter 10 Euro. Auf der sicheren Seite bewegt sich, wer auf einen Frostschutz bis minus 40 Grad achtet.

Alle Flüssigkeiten auffüllen

Eine letzte Ausfahrt führt nun auch bei einer Tankstelle vorbei, wo der Kraftstoffbehälter komplett aufgefüllt wird, das beugt Korrosion im Tank vor. Neu eingefülltes Kühlmittel kann sich während der Fahrt gut verteilen. Zugleich kommen Motor und Schmiermittel auf Betriebstemperatur, sodass sich anschließend der nun anzuratende Ölwechsel durchführen lässt. Gealtertes Motoröl kann Wasser und chemisch saure Rückstände enthalten, die die Motor-Innereien angreifen würden. Ratsam ist es, auch alle weiteren Ölstände zu kontrollieren, also etwa im Getriebe, Differenzial und im Lenkgetriebe. Vorhandene Schmierstellen sollten per Handpresse mit einer frischen Portion Fett versehen werden. Das beste Mittel, Standplatten der Reifen zu vermeiden, ist, das Auto rundum aufzubocken. Wem das zu umständlich ist, der sollte zumindest den Luftdruck erhöhen; als Faustregel gilt, etwa ein Bar zusätzlich aufzupumpen. Das Fahrzeug sollte dann über den Winter immer mal wieder hin- und hergerollt werden. Aber bitte von Hand und nicht per Motorkraft. Bei Kurzbetrieb bildet sich Kondenswasser im Motor, das Korrosion auslösen kann. Weniger pflegebedürftig sind die Bremsen. Flugrost, der sich an Scheiben und in

*Wenn der Staub des Winters abgewaschen wurde, treten oft neue **Roststellen und Lackfehler** zutage. Wer sie nun gleich behandelt, beugt Schlimmerem vor*

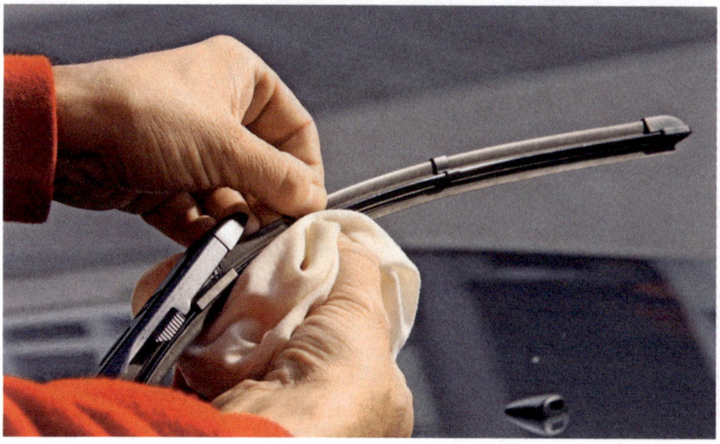

*Die **Wischerblätter** reinigen und den Zustand prüfen. Zeigen sich Risse oder poröse Stellen am Gummi, sollten sie am besten gleich gegen Neuteile ausgetauscht werden*

Checkliste: Oldtimer Einmotten

☐ **Abstellort**
Ideal ist eine mit rund 10 bis 20 Grad mäßig warme, gut gelüftete Garage mit nicht zu hoher Luftfeuchtigkeit. Abdecken mit einer Plane hält Staub und Schmutz fern.

☐ **Letzte Ausfahrt**
Nach Kontrolle und Auffüllen des Frostschutzes Fahrzeug warm fahren und volltanken. Anschließend Motoröl wechseln.

☐ **Sichtprüfung**
Gründlich reinigen, anschließend Sichtkontrolle. Lackfehler und Beschädigungen am Unterbodenschutz gehören ausgebessert.

☐ **Konservierende Maßnahmen**
Chrom polieren, Lack- und Metallflächen mit Konservierungsmittel einreiben. Schweißnähte und Falze mit Wachsspray behandeln.

☐ **Batterie**
Batterie ausbauen und kühl und trocken lagern, zumindest abklemmen.

☐ **Technik und Motor**
Ölstände und Schmierstellen checken. In Zündkerzenlöcher geträufeltes Motor- oder Korrosionsschutzöl und ölgetränkte Lappen im Luftfiltereingang und im Auspuff-Endrohr beugen Korrosion an Innereien vor.

☐ **Innenraum**
Auch innen reinigen, Fußmatten sollten völlig trocken sein. Holz- und Lederflächen mit entsprechenden Pflegemitteln konservieren. Auch den Kofferraum kontrollieren.

☐ **Dichtungen und Gummiteile**
Gummiteile wie Türdichtungen mit entsprechendem Pflegemittel aus dem Fachhandel behandeln. Wischerblätter den Winter über nicht auf der Scheibe aufliegen lassen.

☐ **Räder und Reifen**
Ideal ist es, das Fahrzeug aufzubocken. Ansonsten Reifenluftdruck erhöhen und Auto immer mal wieder hin- und herrollen.

☐ **Reparaturen und Kontrolle**
Fahrzeug alle paar Wochen durchsehen. Die Winterpause stellt auch eine gute Gelegenheit dar, kleinere Reparaturen durchzuführen. Dabei nicht den Motor anlassen.

Trommeln bildet, reibt sich im nächsten Frühjahr bei den ersten Bremsmanövern von selbst ab. Auf keinen Fall sollte die Handbremse angezogen werden, da während längerer Standzeiten die Bremsbeläge an den Bremsflächen festbacken können. Die Batterie sollte ausgebaut und kühl und trocken gelagert oder zumindest abgeklemmt werden. Am besten ist es, sie an ein Ladegerät mit Erhaltungsladung anzuschließen. Die Anschaffung lohnt sich auf jeden Fall, selbst hochwertige Geräte kosten in aller Regel weniger als eine neue Batterie.

Das Interieur nicht vergessen

Bei Fahrzeugen mit Lederausstattung wird diese mit einem Pflegemittel eingerieben. Es sollte nach dem Auftragen einige Tage einziehen, danach die Oberflächen vorsichtig abreiben. Holz ist pflegeleichter. Eine sanfte Politur bringt die Oberflächen im Frühjahr wieder in Form. Kunststoffteilen im Innenraum tut Cockpitspray gut, es beugt dem Ausspröden vor und verhilft zugleich zu neuem Glanz. Gummidichtungen an Türen und Kofferraum werden mit Talkum-Puder oder einem Glyzerinstift behandelt. Wischerblätter sollten während längerer Standpausen im Zweifelsfall nicht auf der Scheibe aufliegen. Die bei der Wiedererweckung anstehenden Arbeiten ähneln grundsätzlich jenen beim Einmotten, allerdings sind ein paar Unterschiede zu beachten. Zunächst erfolgt eine Prüfung der Bauteile im Motorraum, rissige Gummischläuche oder Keilriemen gehören ersetzt. Nun wird, sofern sie außerhalb des Fahrzeugs gelagert war, die Batterie wieder eingebaut; bei dieser Gelegenheit die Batteriepole reinigen und etwas Polfett auftragen. Bei nicht

Wer nicht gerade Diesel fährt, sollte auch die ***Zündanlage*** *prüfen. Feuchtigkeit im Verteiler führt zu Startschwierigkeiten, verschlissene Kontakte oder Verteiler sollten ersetzt werden*

Auch der Zustand des ***Luftfilters*** *ist wichtig. Er sollte nicht mit Schmutz und Staub zugesetzt sein*

Beim ***Einbau der Batterie*** *erst die Klemme des Plus-, dann des Minuspols anschließen*

Wer vor der Winterpause den ***Reifendruck*** *erhöht hat, muss ihn nun korrigieren. Trat über den Winter ein deutlicher Druckverlust auf, sollte nach der Ursache gefahndet werden*

wartungsfreien Batterien gegebenenfalls mit destilliertem Wasser den Flüssigkeitsstand korrigieren. Um Kurzschlüsse zu vermeiden, wird die Batterie zunächst noch nicht angeschlossen.

Behutsam in die neue Saison

An der Verkabelung dürfen sich keine durchgescheuerten oder durch Alterung rissig gewordenen Isolierungen zeigen, vorsichtiges Biegen der Kabel an gut zugänglichen Stellen macht dies sichtbar. Korrosion an Steckverbindungen muss entfernt werden, anschließend Kontaktstellen mit etwas Kriechöl konservieren. Ist so weit alles in Ordnung, werden die Stromklemmen der Batterie angeschlossen, und zwar zuerst am Plus- und dann am Minuspol. Nun zunächst die Lichtanlage des Fahrzeugs auf Ausfälle überprüfen. Es folgt die Kontrolle der Flüssigkeitsstände. Auf dem Garagen- oder Hallenboden ist zu sehen, ob es am Fahrzeug Leckagen gibt. Wer zu Beginn der Winterpause den Reifenluftdruck erhöht hat, muss ihn nun wieder reduzieren. Eine weitere Sichtprüfung: Sind

Beschädigungen an Laufflächen oder Flanken der Reifen vorhanden, gibt es rissige oder spröde Stellen? Nach einer Handwäsche wird auch die Karosserie untersucht, Roststellen sollten gegebenenfalls abgeschliffen und mit Rostumwandler, Grundierung und Lackstift behandelt werden. Stumpf gewordenem Chrom verhelfen entsprechende Polituren zu neuem Glanz. Cabrioverdecke werden am besten mit einer weichen Naturborstenbürste von Staub und Schmutz befreit, dabei möglichst immer in Richtung des Gewebes streichen. Es folgen eine Prüfung des Verdeckmechanismus auf Gängigkeit und gegebenenfalls die Schmierung der Gelenkstellen. Durch Betätigung des Bremspedals vor Fahrtantritt wird sichergestellt, dass keine Luft im System ist. Stößt der Fuß erst nach mehrmaligem Treten auf Widerstand, muss zunächst die Bremsanlage entlüftet oder gegebenenfalls die Bremsflüssigkeit getauscht werden. Wenn der Motor bei ersten Startversuchen herumzickt, verhilft ihm oft Herausdrehen, Trocknen und Wiedereindrehen der Zündkerzen zu mehr Startwilligkeit. Nach dem Losfahren den Antrieb nur allmählich fordern, damit er zunächst auf Betriebstemperatur kommen und sich das Öl gut verteilen kann. Ist doch klar: Wer möchte schon direkt nach dem Mittagsschlaf gleich wieder voll gefordert werden? ■

Durch das richtige Maß an Hege und Pflege bleibt der Fahrzeugwert erhalten und einem viel Ärger erspart

Checkliste: Oldtimer Ausmotten

- ☐ **Batterie**
  Frisch geladen einbauen, gegebenenfalls destilliertes Wasser auffüllen. Kontakte säubern und mit Polfett einstreichen.
- ☐ **Stecker und Kabel**
  Steckkontakte auf Korrosion prüfen, diese gegebenenfalls entfernen. An Kabelisolierungen nach Rissen und Brüchen schauen.
- ☐ **Flüssigkeiten**
  Sind Undichtigkeiten zu erkennen? Auch auf dem Garagenboden nachsehen. Öl-, Kühlmittel- und Scheibenwischwasser-Stand prüfen, bei Bedarf korrigieren.
- ☐ **Lack und Chrom**
  Fahrzeug waschen, gegebenenfalls Roststellen und Lackfehler ausbessern, Lack und Chromflächen mit Wachs konservieren.
- ☐ **Innenraum und Cabriodach**
  Gründlich säubern, Scheiben und Spiegel nicht vergessen. Schlösser und Türscharniere ölen. Verdeck reinigen, Mechanismus prüfen.
- ☐ **Leder und Holz**
  Lederpflegemittel aufstreichen, nach Herstellervorgabe einwirken lassen und anschließend wieder abreiben. Holzflächen mit geeigneter Politur behandeln.
- ☐ **Räder und Reifen**
  Luftdruck prüfen und korrigieren, Reifen und Felgen auf Beschädigungen untersuchen. Dabei das Reserverad nicht vergessen.
- ☐ **Bremsen und Hydraulik**
  Hydrauliksysteme auf Undichtigkeiten untersuchen, zu alte Flüssigkeiten auswechseln. Bremsen sollten nach Standzeiten vorsichtig wieder eingefahren werden.
- ☐ **Kunststoff und Gummi**
  Kunststoffflächen im Fahrzeug-Innenraum verhilft Cockpitspray zu neuem Glanz. Gummidichtungen mit Talkum-Pulver oder Glyzerinstift einreiben.
- ☐ **Die erste Fahrt**
  Auf den ersten Kilometern mit vorübergehend schwächerer Bremsleistung rechnen. Beim Fahren auch auf ungewöhnliche Geräusche achten.

Pflegen ist mehr als nur Waschen

Beim Klarspülen mit der Lanze ist noch lange nicht Schluss. Denn in der Waschbox fängt die Aufbereitung Ihres Klassikers erst an. 16 Arbeitsschritte bringen Lack, Chrom, Gummi und Leder wieder in Concours-Zustand.

Text Alf Cremers · **Fotos** Archiv

*Bevor auch nur ein **politurgetränktes Mikrofasertuch** an den Lack gelangt, ist eine gründliche Wäsche die Basis für alle folgenden Aufbereitungsschritte. In der Waschbox kann man dies auch von Hand schonend erledigen, hier ist der nötige Ölabscheider vorhanden, zu Hause meist nicht*

Lackreinigung mit Knetgummi

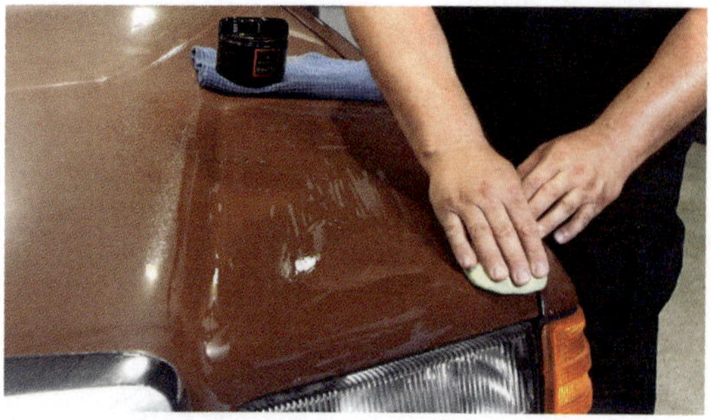

*Der erste Schritt der Lackaufbereitung ist seltsam, aber sehr wirksam. Mit einem **Paint Rubber**, einer Art Knetgummi, wird der Lack in kleinen Feldern abgerubbelt, die verwitterte Oberfläche wird dabei abgetragen*

Kratzer mit Tupflack beseitigen

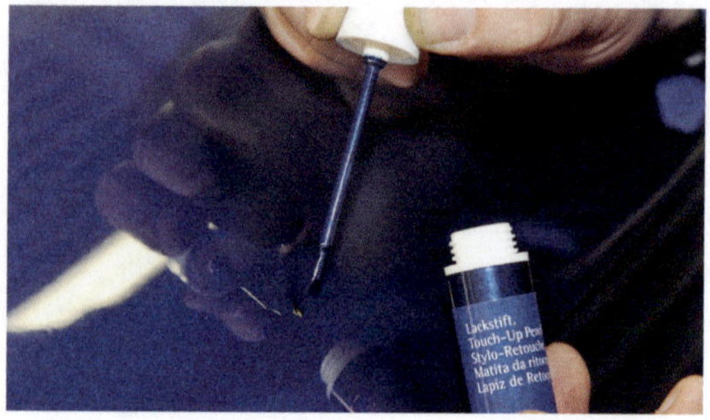

*Das Ausbessern von **Lackkratzern und Steinschlägen** erfolgt keinesfalls am Schluss. Noch vor dem ersten Poliervorgang sollte die frische Farbe ausgebracht werden, damit die dicken Striche schön geglättet werden*

Der Schönheitswettbewerb für Autos heißt Concours d'Élégance. An illustren Gestaden in aller Welt wie Pebble Beach, Amelia Island oder Villa d'Este treffen sich ein paar Mal im Jahr die Besitzer seltener Vollblutklassiker und präsentieren sie einer sachkundigen Jury zur Bewertung. Doch bevor mit Champagner der »Best of Show« gefeiert wird, gilt es, noch einmal heftig Hand anzulegen. Da wird gewienert und poliert, bis der schwarze Lack des von Saoutchik karossierten Delahaye mit einem Steinway-Flügel konkurrieren kann und die letzten Nanospuren seeluftsalzigen Morgentaus vom royalblauen Zagato-Kleid des Maserati A6 G 2000 verschwunden sind. Der Alukoffer mit Meguiar's- oder Swissvax-Logo steht einträchtig neben dem Picknickkorb, aus dem eine Piper-Heidsieck-Flasche herauslugt.

Auch Ihr Klassiker oder Youngtimer lässt sich auf der Basis eines ordentlichen, aber vernachlässigten Allgemeinzustands in »Pebble Beach Condition« versetzen. Vorausgesetzt, Sie investieren ein Wochenende Zeit, rund 200 Euro in ein noch viele Male nutzbares Grundsortiment hochwertiger Putz- und Pflegemittel bekannter Marken wie Sonax, Nigrin, Dr. Wack, Liqui Moly oder Armor All und beherzigen ein paar goldene Regeln der Fahrzeugaufbereitung. Dann kann selbst eine bemooste mattweiße Kiesplatz-Standuhr mit schmutzigen Regenschlieren auch ohne Neulackierung aussehen wie ein Jahreswagen.

Viel Geduld und Sorgfalt

Die wichtigste Regel gleich einmal vorweg: Auch das beste Pflegemittel wirkt selbst in Überdosierung nicht von allein. Es braucht einen geduldigen und sorgfältigen Anwender. Ein wenig Hingabe schadet nicht, sie beflügelt bei der Arbeit und lässt den Vorhernachher-Effekt noch intensiver erleben. Autoputzen muss man mögen. Es ist bisweilen, etwa auf den großen Lack- und Glasflächen einer S-Klasse, eintönig, aber das Ergebnis lohnt jede Durststrecke. Auch bei der Wagenpflege ist gute Vorbereitung entscheidend. Gründlich gewaschen, schamponiert und getrocknet muss das

Neben guten Produkten ist Zeit der wichtigste Faktor. Den ultraschnellen Magic-mühelos-Effekt gibt es nicht!

Wachsen und nachpolieren von Hand

*Das **Auftragen von Carnauba-Edelwachs** sorgt für ein feines Finish. Durch die Handschuhe spürt man die weiche, glatte Oberfläche. Da will man mit dem geschmeidigen Baumwollvlies gar nicht mehr aufhören*

Kaltreiniger für den Motorraum

*Für den »Visitenkarten-Eindruck« sollte man alle Bleche im Motorraum und die Aluguss-Teile des Triebwerks mit **säurehaltigem Kaltreiniger** säubern. Die Blechteile am Ende mit klarem Sprühwachs versiegeln*

Erstpolitur mit grober Sisalscheibe

*Die grobfaserige Scheibe auf der **kreisrund operierenden Poliermaschine** erzeugt auch dank der aufgetragenen Polierpaste, die viele Schleifkörper enthält, eine starke abrasive Wirkung: Der Lack glänzt schon jetzt*

Zweitpolitur mit Wollscheibe

*Aber nicht genug. **Zwei Poliervorgänge** sind bei Unilack für Tiefenglanz nötig. Die große weiche Polierscheibe auf der Exzentermaschine trägt, mit mildem Lackreiniger präpariert, die letzten stumpfen Partikel ab*

Chrom polieren mit Schleifpaste

*Matte Stellen und Flugrost auf verchromtem Metall entfernt **Tubenschleifpaste**. Gegen Rostpickel ist sie allerdings machtlos. Den Benz-Lorbeerkranz nur ganz sanft bearbeiten, sonst ist das Blau schnell weg!*

Kunststoffpflege außen am Auto

*Der späte BMW E3 trägt schon einen Plastikeinsatz im Kühlergrill. Der **Kunststoff wird im Alter grau und spröde**, er glitzert kristallin. Ein Kunststoffreiniger für Außenteile spendiert Farbe und Weichmacher*

Auto sein, bevor es ans Eingemachte geht. Aber bitte kein gut gemeintes Extra-Wachsprogramm in der Waschanlage ordern. Wachs verklebt den verwitterten Oberflächenlack, wir können ihn dann nicht mit dem Knetgummi abziehen und anschließend herunterpolieren.

Alle Pflegemittel und Putztücher, die wir benötigen, sollten in der hell erleuchteten Garage griffbereit aufgestellt sein. Wir vergessen ganz schnell Opas Polierwatte, denn sie bindet, politurbenetzt, Schmutzpartikel, die dann wie feines Schmirgelpapier wirken. Außerdem ziehen wir Ringe und Armbanduhr ab und arbeiten nur mit Glacéoder Latexhandschuhen. Erstens, um uns vor Chemikalien zu schützen, und zweitens, um Fingerabdrücke auf bereits optimierten Flächen zu vermeiden. Bevor wir loslegen, kleben wir alle Zierleisten, Gummi- und Kunststoffteile in der Lacknachbarschaft mit billigem Kreppklebeband ab. Denn die kreidehaltigen Bindemittel der Pasten und Polituren sorgen, ob per Mikrofasertuch oder mit der Poliermaschine aufgetragen, für einen hartnäckigen Grauschleier im porigen Material, der sehr hartnäckig ist und das Eindringen von pflegenden Weichmachern und Farbpigmenten verhindert.

Reifenpflege für Langsteher

Reifen leiden unter Hitze, UV-Einstrahlung und oft langer Standzeit. ***Reinigen mit Reifenpflegeschaum*** *und Konservieren mit Gummipflege-Spray erhält das tiefe Schwarz und schützt vor Versprödung*

Leichtmetallräder aufbereiten

Salzaufblühungen haben die ***Klarlackschicht des Leichtmetallrads*** *außen angegriffen, da hilft nur Lackieren. Eingebrannten Bremsstaub beseitigt Felgenreiniger, den Felgenstern macht Schleifpaste schön*

PFLEGEN IST MEHR ALS NUR WASCHEN

Prinzipiell arbeiten wir außen am Wagen von oben nach unten, also Dach zuerst, Schweller und Endspitzen zuletzt. Wir nehmen uns mittelgroße rechteckige Partien vor, reiben sie mit Poliermittel sparsam ein, lassen sie trocknen und wischen den dünnen Film dann sauber. Kreisrund zu operieren ist tabu, es erzeugt unerwünschte Hologramme im Lack, stattdessen wird parallel auf- und abgetragen. Eine zusätzliche Stablampe nützt auch in hellem Garagen-Ambiente viel, denn man sieht Kratzer, Vogelkot-Verfärbungen und Harzflecken noch besser.

Neben den Polituren, Pflegemitteln und Reinigungsessenzen sollte man noch einen Lackstift mit originalem Farbcode, etwa »Classicweiß 737«, bereithalten und ein passendes Lackspray zum behutsamen Vernebeln steinschlagübersäter Frontbleche.

Auch eine Dose Mattschwarz gegen rostige Auspuffendrohre und pockennarbige Luftfilterdeckel darf bei einer gründlichen Aufbereitung nicht fehlen, die schon wegen der großen Fläche stark lackfokussiert ist. Das gilt gerade bei unserem fiktiven Beispiel der mattweißen, schlierenbehaf-

Verdeck säubern und imprägnieren

*Mildes Auto-Shampoo übernimmt die Grundreinigung. Anschließend mit **Verdeck-Imprägnierer** konservieren. Blinde Plastikheckscheiben werden dank ultrafeiner Spezialschleifpaste erstaunlich transparent*

Vinyldach schonend pflegen

*Zuerst bei der Wagenwäsche mit einer weichen Bürste den **Schmutz aus den Poren der Narbung** reiben. Dann das empfindliche Vinyldach mit einem Wasser abweisenden Kunststoffpflegemittel einreiben*

Tipp

- **Knetmasse** Paint Rubber zum Abziehen des Lacks, bindet Harz, Schmutz und verwitterte Lackpartikel
- **Lackreiniger** entfernt obere »tote« Lackschicht restlos und glättet sie
- **Lackpolitur** mit sanften Schleifkörpern sorgt für intensiven Tiefenglanz der neu erzeugten Lackoberfläche
- **Hartwachs** oder besser noch Edelwachs mit hohem Carnauba-Anteil für eine Wasser abweisende Versiegelung
- **Mikrofasertücher**, runde **Applikator-Pads**, eine **weiche Bürste**, ein **Baumwollvlies** und ein echtes **Fensterleder**
- **Chromputz** (hoch konzentrierte, relativ feste Schleifpaste) aus der Tube
- **Gummipflegestift** (Hirschtalg) zum Auffrischen spröder Dichtungen
- **Kunststoff-Außenpflege** gegen Grauschleier und Versprödung
- **Kunststoff-Innenreiniger** mit pflegenden und farbsättigenden Weichmachern
- **Polsterschaum** für Stoffe, Teppiche und Türverkleidungen
- **Ledercreme** zur Regenerierung mit Glycerin, Wachs und Farbpigmenten
- **Felgen-** und **Kaltreiniger** für Aluteile
- **Glasreiniger** aus der Sprühflasche
- **Reinigungsschaum** für Autoreifen plus **Gummipflege-Spray** zum Schutz vor UV-Licht und vorzeitiger Alterung

*Nicht weniger als 62 Pflegemittel, Applikatoren und Mikrofasertücher in verschiedenen Stärken sind auf der Volvo-760-GLE-Motorhaube ausgebreitet. Das **lückenlose Profi-Equipment** für wirklich alle Pflegefälle zeigt die ganze Palette der Anwendungen. Für den Normalverbraucher reichen 21 Produkte*

Mit exakt 21 Pflegeartikeln ist man für eine Rundum-Aufbereitung von Alurad bis Zierstab bestens gerüstet

Stoffbezüge säubern, Flecken entfernen

*Nach dem Absaugen aller Nähte folgt das **Einschäumen mit Polsterreiniger**. Nach der Einwirkzeit werden die Schmutz bindenden Schaumreste rausgebürstet. Flecken vorher separat mit Entferner behandeln*

Kunststoffe innen aufbereiten

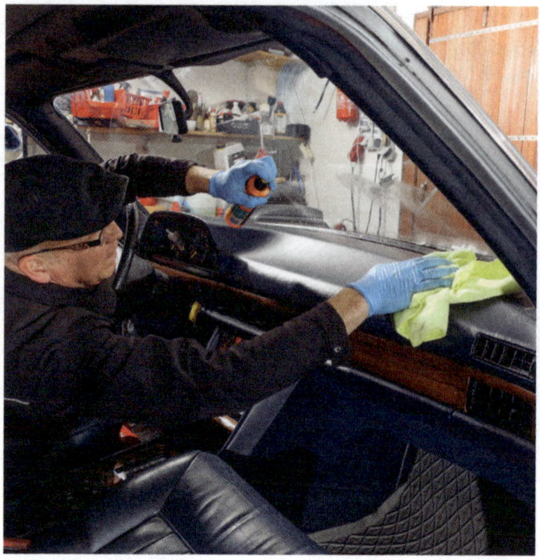

*UV-Licht lässt Stoff, Leder und vor allem **Kunststoffe** nach Jahrzehnten verspröden und ausbleichen. Gute Kunststoffpflegemittel führen Weichmacher und Farbpigmente zu, ohne dass es speckig glänzt*

Lederpflege mit farbiger Creme

*Das **Naturprodukt Rindleder** braucht eine Auffrischung mit nährendem Fett und leicht tönender Farbe. Hochwertige Lederpflegemittel enthalten beides. Bei eingerissenen Falten muss jedoch ein Spezialist ran*

Scheibenglanz ganz zum Schluss

*Finaler und heikler Akt einer Pflege-Session ist die **Scheibenreinigung**. Zwei Flächen, innen und außen, sind schlierenfrei in zwei Arbeitsgängen zu säubern. Glasreiniger direkt aufsprühen, intensiv nachpolieren*

teten Kiesplatz-Standuhr. Noch eine wichtige Regel: Matten Unifarben, also werksseitig recht dick aufgetragenen Einschicht-Lacken, kann man mit bis zu vier Poliervorgängen von grob bis fein auch derb zu Leibe rücken, um maximalen Glanz rauszuholen.

Metalliclack ist empfindlicher

Ab Mitte der 70er-Jahre haben sich Zweischicht-Metalliclacke mit einer schützenden, nur schwer verwitternden Klarlack-Oberfläche durchgesetzt. Einerseits sind sie des Aufbereiters Freude, weil sie auch über Jahrzehnte bei geringer Pflege gut halten. Andererseits löst sich der UV-empfindliche matte Klarlack nicht selten partiell ab, und er ver trägt nur eine sanfte Politur mit weicher Polierscheibe und sehr feinkörnigem Mittel.

Velours, der besondere Stoff

Für den Innenraum gelten die gleichen Pflegeregeln wie für die Karosserie: partiell vorgehen, sparsam dosieren und dabei die mechanische Wirkung neben der chemischen unterstützen, also beim Einreiben, Bürsten und Nachpolieren nicht mit Kraft sparen.

Eines haben wir noch nicht erwähnt, es ist aber für eine gute Aufbereitung ebenso wichtig wie selbstverständlich: penible Sauberkeit. Jeder Bereich, ob Lack, Chrom, Teppich oder Polster, muss seine eigenen Mikrofasertücher oder Applikatoren haben, streng getrennt zwischen Aufbringen und Finishing. »Alles mit einem Lappen« ist zwar bequem, verteilt aber den Restschmutz zu einem gleichmäßigen Schleier, der Brillanz vereitelt. Zum Schlusss noch ein Tipp. ■

Tipp

Wenn man Gefallen am Aufbereiten gefunden hat und mehrere Klassiker oder Youngtimer besitzt, empfiehlt sich der Kauf einer hochwertigen **Exzenter-Schleifmaschine** von Festool, Bosch Professional, Metabo oder Makita. Sie kostet um die 500 Euro, erleichtert die Arbeit erheblich und holt den letzten Glanz aus verwittertem Lack.

»Viel hilft viel« gilt nicht für die Aufbereitung. ***Sparsam dosieren*** *und kraftvoll anwenden führt zum Ziel*

Im Falle eines Falles!

Autopannen sind ärgerlich und können einem die schönste Ausfahrt mit dem Klassiker vermiesen. Doch mit der passenden Vorbereitung und dem richtigen Know-how sind kleine Defekte und Probleme am Straßenrand schnell gerichtet. Wir sagen Ihnen, wie.

Text Daniel Endreß · **Fotos** Archiv, Getty Images

Ford
S 07219

IM FALLE EINES FALLES!

Oh je! Das Schleifgeräusch vorne rechts klingt gar nicht gut. Jetzt lieber am Straßenrand anhalten, bevor am Ende noch etwas ernsthaft kaputtgeht.

Pannen sind ärgerlich, gehören aber leider zum Leben eines Autofahrers dazu. Überhitzung, verkokte Zündkerzen, streikende Anlasser oder ein platter Reifen: Durch den Alterungsprozess und lange Standzeiten muss man bei alten Autos häufig mit kleinen Problemen oder Zickereien rechnen. Aber das macht gerade den Charme eines Klassikers aus. Man muss sich viel mehr auf sein Auto einlassen und es »lesen« können, um rechtzeitig zu reagieren, bevor eine Panne droht. Sollte die Spritztour dennoch am Straßenrand enden, keine Sorge: Bei vielen Problemen genügen wenige Handgriffe, um den Oldtimer wieder startklar zu bekommen, nicht jede Panne endet zwangsläufig auf der Ladefläche eines Abschleppwagens.

Das bedeuten die Kontrollleuchten

Wenn mit der Technik Ihres Autos etwas nicht stimmt, zeigt dies häufig zuerst eine Kontrollleuchte im Armaturenbrett an. Die folgenden vier deuten auf ernste Probleme hin.

Batterie: Dem Auto geht der Saft aus. Und die Lichtmaschine lädt nicht mehr. Wenn nicht der Keilriemen schuld ist, die Pannenhelfer rufen.

Öldruck: Wenn dieses Symbol aufleuchtet, mangelt es an Öl. Füllen Sie umgehend etwas nach. Wenn die Lampe dann nicht ausgeht, rufen Sie den Pannendienst.

Motorkontrolle: Diese Warnleuchte kann viele Ursachen haben. Wenn Sie den Fehler nicht selbst auslesen können, fahren Sie in eine Fachwerkstatt.

ABS-Kontrolle: Es liegt eine Störung des ABS-Systems vor. Starkes Bremsen kann dann zur Gefahr werden. Fahren Sie vorsichtig in die nächste Werkstatt.

Da ist die Luft raus

Der Klassiker unter den Pannen ist der platte Reifen. Davor sind weder alte noch neue Autos gefeit. Im schlimmsten Fall platzt der Reifen während der Fahrt – dann kann es gefährlich werden. Bewahren Sie Ruhe, starkes Lenken oder Bremsen sollte vermieden werden. Versuchen Sie, das Auto am rechten Rand der Fahrbahn bis zum Stillstand zu verzögern. Platzer sind aber glücklicherweise selten. Deutlich häufiger kommt es vor, dass die Luft aus dem Pneu schleichend entweicht.

Passiert dies an der Vorderachse, spüren Sie zunächst ein schwammiges Fahrverhalten, gefolgt von lauten Abrollgeräuschen. Geht ein Reifen an der Hinterachse kaputt, klingt das ähnlich und der Wagen verliert seine Spurtreue. Bringen Sie Ihren Klassiker dann sicher am Straßenrand zum Stehen. Idealerweise haben Sie nun ein Ersatzrad an Bord, das Sie selbst montieren können. Falls ein Notrad verfügbar ist, hilft das zunächst, um zumindest auf eigener Achse zur nächsten Werkstatt zu gelangen. Tempolimit des Notrades beachten! Und Vorsicht: Da Reifenpannen glücklicherweise relativ selten vorkommen und Ersatzund Noträder kaum eingesetzt werden, liegen diese häufig mehrere Jahre im Kofferraum oder über dem Motor. Die Folge: Das Gummi der Reifen wird steinhart und die Reifen verleihen so gut wie keine Traktion.

Statistisch gesehen hat jeder Autofahrer alle 150 000 Kilometer eine Reifenpanne

Fahren Sie also vorsichtig weiter und lassen Sie zeitnah, immer achsweise, neue Reifen aufziehen. Eine weitere Möglichkeit ist Tire Fit. Diese PannenSets bestehen aus einem Reifen-

*Über die ca. **18 000** Notrufsäulen in Deutschland lässt sich schnell **Hilfe** holen. Anrufe gehen beim Notruf der Autoversicherer ein*

dichtmittel und einem Kompressor. Der platte Reifen kann am Auto verbleiben, Sie sprühen das Mittel durch das geöffnete Reifenventil und pumpen dann den Reifen mit dem Kompressor auf. Nun muss der Wagen einige Meter bewegt werden, damit sich das Mittel im Reifen gut verteilt. Tire Fit ist keine Dauerlösung, man kann mit maximal 80 km/h bis zur nächsten Werkstatt fahren, um den Reifen wechseln zu lassen. Der Vorteil: Tire Fit lässt sich unkompliziert und im Gegensatz zu einem Ersatzreifen ohne körperliche Anstrengung einsetzen und nimmt dazu noch deutlich weniger Platz ein als ein fünftes Rad im Kofferraum.

Wegen Batterieproblemen rückte der ADAC 2018 am häufigsten aus

Bei platten Reifen, aber auch bei allen anderen Pannen, gilt zunächst: Warnblinker anschalten, Wagen wenn möglich ausrollen lassen und sicher abstellen. Wenn Sie auf einem Seitenstreifen halten müssen, schlagen Sie die Lenkung nach rechts ein, sodass, falls Ihnen jemand hinten auffährt, Ihr Oldtimer nicht in den Gegenverkehr geschoben wird. Dann stellen Sie das Warndreieck etwa 150 Meter hinter dem Auto auf. Gerade in der dunklen Jahreszeit bietet es sich auch immer an, blinkende Warnleuchten im Auto zu haben. Diese gibt es mit magnetischem Standfuß, so lassen sie sich ans Blech heften. Andere Autofahrer werden dann schon von Weitem gewarnt.

Als Erstes sollten Sie nun schauen, ob die Kontrollleuchten einen Hinweis auf das Problem geben. Was die wichtigsten Symbole bedeuten, lesen Sie im mittleren Kasten auf dieser Seite.

Eindeutig zu heiß

Gerade Fahrer von VorkriegsOldtimern kennen es, wenn der Kühler kocht. In der prallen Sonne und bei starker Belastung wird dem Motor schnell zu heiß. Beginnt das Kühlwasser zu kochen und an den Seiten des Behälterdeckels herauszuspritzen, ist eine Zwangspause nötig. Lassen Sie das Wasser zunächst abkühlen, denn das System steht unter Druck – beim Öffnen würde Ihnen kochendes Wasser entgegenspritzen. Wenn die Flüssigkeit abgekühlt ist, füllen Sie neue Kühlflüs-

*Wenn es nicht mehr **weitergeht**, hilft nur der Pannendienst. Eine Mitgliedschaft in einem **Automobilclub** ist von Vorteil*

Autos richtig abschleppen

Abgeschleppt werden dürfen Autos nur, wenn sie vor Ort nicht mehr **repariert** werden können. Spritmangel zählt zum Beispiel nicht dazu. Kommt ein defekter Wagen an den Haken, muss der Warnblinker angeschaltet werden. Bei moderneren Autos auch die Zündung, da sonst unter Umständen das Lenkrad schloss einrastet. Bei Schaltwagen darf kein Gang eingelegt sein, und ein Automatikgetriebe (nur für kurze Strecken) muss auf »Neutral« stehen. Für die Befestigung eines Abschleppseils oder einer Abschleppstange gibt es bei manchen Autos besondere Ösen, die in ein Gewinde geschraubt werden müssen. Gibt es diese nicht, kann man das Seil auch vorne um den Rahmen schlingen.

Abschleppösen gibt es sowohl zum Einschrauben als auch zum Ausklappen. Seile immer an den vorgesehenen Stellen befestigen

sigkeit nach, von der Sie immer einen kleinen Kanister dabeihaben sollten. Achten Sie darauf, dass das Kühlsystem Ihres Wagens immer entlüftet ist. Kontrollieren Sie auch, ob der Motor während der Fahrt gut von Luft umströmt werden kann.

Straßenstaub und Insekten bleiben oft in den Kühllamellen hängen und verringern so die Wärmeabgabe an die Umgebungsluft. Auch Cluboder RallyeAbzeichen am Kühlergrill können unter Umständen die Kühlleistung vermindern. Tauchen die Hitzeprobleme auch an kälteren Tagen auf, könnte ein defektes Thermostat schuld sein. Da dann der große Kühlkreislauf im Motor nicht mehr aktiviert wird, sollten Sie den Wagen lieber abschleppen lassen, um Schäden zu vermeiden.

Bei manchen Autos wird die Wasserpumpe nicht über den Zahn, sondern über den Keilriemen betrieben. Reißt dieser, weil er bei entsprechendem Alter spröde geworden ist, kommt der Wasserkreislauf ebenfalls zum Stehen. In erster Linie betrifft ein gerissener Keilriemen aber die Lichtmaschine. Wenn diese nicht mehr angetrieben wird und die Batterie nicht versorgt, merkt man das im schlimmsten Fall erst, wenn Letztere leer gesaugt wurde. Bei vielen Autos treibt der Keilriemen auch die Servopumpe der Lenkung sowie den Klimakompressor an. Reißt der Strang, fällt sofort das Lenken schwer und aus den Lüftungsschlitzen strömt keine kalte Luft mehr. Kritisch für den Motor ist das nicht, aber die Lichtmaschine liefert dann ebenfalls keinen Strom. Ein gerissener oder abgesprungener

Keilriemen ist in den wenigsten Fällen Grund zur Sorge. Im Idealfall, zumindest aber stets auf Reisen, sollten Sie sich einen Ersatz ins Auto legen. Beim Wechseln entspannen Sie die Lichtmaschine oder arretieren die Spannrolle, je nach System, und legen den neuen Riemen zuerst über die kleinsten Rollen und zuletzt über die größte. Der neue Keilriemen sollte so stark gespannt werden, dass er sich mit zwei Fingern eine Viertelumdrehung verdrehen lässt. Sollten Sie nicht wissen, in welcher Reihenfolge Sie die einzelnen Aggregate und Umspannrollen bespannen sollen, helfen ein Blick in das Handbuch oder die Suche nach Fotos und Videos im Internet.

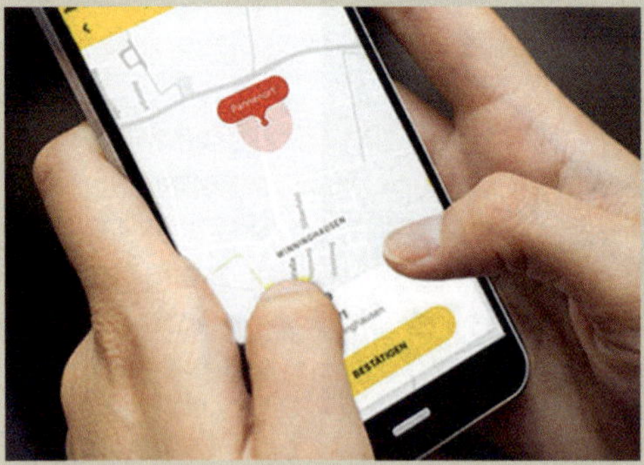

Pannendienst via Mobil-App informieren

Noch nie war es so einfach, eine Panne zu melden, wie heute – dank der **Smartphone-Apps**, die die großen deutschen Automobilclubs zur Verfügung stellen. Der Vorteil: Man kann bei vielen Diensten wie der **ADAC-Pannenhilfe-App** oder der **AvD-App** die Details zu seinem Auto schon vorab eingeben, sodass dem Abschleppdienst schon alle Daten zum Auto vorliegen, wenn man über die App eine Panne meldet. Zudem nutzen Apps wie die **ACV-Co-Pilot-App** oder die **ACE-App** die Ortung ihrer Position über GPS. Darüber hinaus bieten viele der Programme auch Echtzeit-Verkehrsmeldungen und weitere nützliche Funktionen an.

Unruhiger Motorlauf

Ein weiteres Problem, das relativ häufig auftritt, sind Zündaussetzer oder Fehlzündungen, die sich durch einen unruhigen Motorlauf bemerkbar machen. Das kann mehrere Ursachen haben. Zum Beispiel könnten die Zündkerzen defekt sein. Entweder sie sind mittlerweile so abgebrannt, dass der Funke nicht mehr sauber überspringt, oder aber sie sind verkokt oder verölt. Was auch der Grund sein möge: Es ist gut, wenn man einen Satz neuer Zündkerzen und passendes Werkzeug im Kofferraum liegen hat. Gerade bei alten Autos ist ein Zündkerzenwechsel noch sehr einfach, da sie meistens frei zugänglich sind. Wenn die alten Zündkerzen verölt waren, sollten Sie dem nach Ihrer Ausfahrt auf den Grund gehen. Echte Profis haben neben neuen Zündkerzen auch einen neuen Zündverteiler und finger sowie einen Zündkabelsatz dabei, falls der unruhige Lauf nicht an den Kerzen liegt.

Ist keines der häufigsten Probleme an Ihrem Zwangsstopp schuld, gilt es, Ursachenforschung zu betreiben. Wenn das Auto kein Gas mehr annimmt, schauen Sie nach, ob der Gaszug gerissen oder ausgehängt ist oder die Benzinzufuhr wegen Undichtigkeit Luft ziehen kann.

Springt der Wagen nicht an, könnte das an einem defekten Anlasser liegen. Oftmals reichen ein paar vorsichtige Schläge mit dem Hammerstiel aus, um einen hängenden Magnetschalter zu lösen und wieder zum Funktionieren zu bringen. Gerade wenn das Auto lange ungenutzt stand, die Batterie schon etwas älter ist oder der Frost im Winter zugeschlagen hat, kann es sein, dass sie nicht genügend Saft für einen Start liefert. Wenn Sie keine neue Batterie parat haben, können Sie mit einem zweiten Fahrzeug überbrücken.

Starten Sie dazu das zweite Auto und schließen Sie dann die Überbrückungskabel an die Batteriekontakte an. Dabei ist die Reihenfolge entscheidend, sonst können die Batterien Schaden nehmen. Ein Kabel zunächst am Pluspol des Spenderfahrzeugs, dann an dem Ihres Klassikers anschließen. Es folgt das zweite Kabel, das zunächst am Minuspol der Spenderbatterie und dann am Motorblock des liegen gebliebenen Autos angeklemmt wird. Nun sollte jemand im

Dieses Werkzeug muss mit an Bord

Wer sich auf Autopannen vorbereiten möchte, sollte zum Wagen passendes **Werkzeug** und Ersatzteile in den Kofferraum legen. Die folgenden Dinge gehören in jede Pannen-Basisausrüstung:

- Ein **Steckschlüsselsatz** kommt bei fast allen Problemen zum Einsatz.
- **Kombi-, Wasserpumpen- und Spitzzange** sind immer sinnvoll.
- Wichtig sind auch **Kreuz- und Schlitzschraubendreher**.
- Für die improvisierte Reparatur ist **Gewebeklebeband** unersetzbar.
- Das Gleiche gilt für **Kabelbinder**, die ebenfalls ins Set gehören.
- Ein behelfsmäßiger **Wagenheber** ist bei vielen Autos schon dabei.
- Profis können unterwegs auch ein **Strommessgerät** gebrauchen.

Mit einem gut sortierten Bordwerkzeug-Set sind Autopannen schnell überwunden

- Je nach **Modell** sollte man typische Ersatzteile einpacken, etwa **Zündkerzen**, Keilriemen, Zündkabel, Gas- und Kupplungszug sowie Ersatzlampen;
- zu guter Letzt eine **Taschenlampe**.

zweiten Auto sitzen und die Drehzahl erhöhen, während Sie Ihren Klassiker starten. Wichtig: 50 Kilometer sollte man fahren, damit die Batterie für einen erfolgreichen Startversuch genug Saft hat.

Ohne Spray nichts los

Hilft selbst der zusätzliche Strom nicht, das Auto zu starten, und will der Motor trotz Anlasserjodelns nicht zum Leben erwachen, können Sie ihm mit StarthilfeSpray auf die Sprünge helfen. Öffnen Sie dazu den Luftfilterkasten und sprühen Sie – während der Anlasser arbeitet – in kurzen Stößen Spray in die Ansaugung. Das hat schon so manchen Schläfer aus der Winterruhe geholt.

Wenn unterwegs die Elektrik streikt, gibt es oft nicht viel, was Sie als Laie tun können. Häufig ist die Gefahr, dabei etwas zu beschädigen, größer als die Chance auf eine erfolgreiche Reparatur. Dennoch lohnt es sich, einen Blick in die Sicherungskästen zu werfen. Bei vielen Autos steht das Sicherungsschema an der Unterseite des Kastendeckels. Überprüfen Sie, ob die Sicherung des ausgefallenen Verbrauchers durchgebrannt ist. Moderne Flachsicherungen, aber auch Abschmelzsicherungen können Sie leicht ersetzen. Sollten die neuen ebenfalls durchbrennen, rufen Sie lieber den Pannendienst. Ersatzsicherungen finden Sie an jeder Tankstelle, und große Sortimente aus dem Internet kosten nicht viel.

Bei allem Eifer, eine Panne selbst zu beheben, gilt: Schätzen Sie Ihr Können richtig ein. Wenn Sie sich unsicher sind, wie Sie eine Reparatur korrekt durchführen, rufen Sie lieber die Profis von ADAC, AvD und Co. Gerade wenn es um sicherheitsrelevante Probleme geht, sollte man lieber nichts riskieren und nicht experimentieren. Wenn Sie mit Ihrem Klassiker im Ausland unterwegs sind, recherchieren Sie vorher, ob es dort möglicherweise Werkstätten oder Experten gibt, die Ihnen im Falle eines Falles weiterhelfen können. Wurde Ihre Marke zum Beispiel in Ihrem Zielland nie vertrieben, könnte es problematisch werden, Hilfe zu bekommen.

Eine gute Vorbereitung ist immer die halbe Miete bei einer Autopanne. ■

Restaurieren nach Plan

Die Restaurierung eines Old- oder Youngtimers ist aufwendig und sehr oft auch langwierig. Viele Dinge gibt es dabei zu berücksichtigen und zu planen. Eine gute Strategie hilft, stets den Überblick zu bewahren und das Großprojekt erfolgreich zu Ende zu bringen.

Text Bernd Woytal · **Fotos** Dino Eisele, Fact, Rossen Gorgolov, Getty Images, Uli Jooß, Michael Orth, Shutterstock, Götz von Sternefels, Archiv

Am Anfang der Restaurierung steht der **Check des Fahrzeugs**, um nötige Arbeiten festzulegen

Zustands-Check

*Viele **Teile, die ersetzt werden müssen**, fallen schon bei der ersten Inspektion auf. Man sollte sie notieren*

Die regelmäßige Wartung hält einen Old- oder Youngtimer am Laufen. Nutzen sich Teile ab, gehen kaputt oder werden beschädigt, wird eine Reparatur fällig. Erst bei gleichzeitig in mehreren Bereichen wie Technik, Karosserie, Innenausstattung und Elektrik nötigen Arbeiten größeren Umfangs spricht man von Restaurierung.

Doch wie auch immer dieses Wort definiert wird, es steckt auf jeden Fall ein immenser Arbeits- und Organisationsaufwand dahinter. Wer seinen Klassiker restaurieren möchte, profitiert daher von einer vorher festgelegten Strategie.

Zustands-Check

Den Auftakt des Projekts bildet die Begutachtung des Fahrzeugs. Dabei werden die vorhandenen Schäden so gut wie möglich lokalisiert und notiert. Man kann dann gleich schon mal Teile aufschreiben, die auf jeden Fall erneuert beziehungsweise beschafft werden müssen. Es bietet sich an, statt einer einzigen Einkaufsliste gleich mehrere anzulegen, die sich jeweils auf Baugruppen beziehen, wie Motor, Hinterachse, Innenraum oder Elektrik.

Solche frühzeitig angelegten Listen verschaffen zeitlich mehr Luft, die Teile zu suchen. Das hilft besonders, wenn es um Raritäten geht. Es bleibt ferner mehr Zeit, um das Angebot und die Preise verschiedener Anbieter vergleichen zu können. Und wenn ein bestimmtes Teil rechtzeitig erworben wurde, vermeidet das später unnötige Unterbrechungen der Arbeit.

Es ergibt allerdings wenig Sinn, g leich am Anfang neue Reifen zu besorgen, wenn das Auto erst zehn Jahre später fertig wird – denn die sind dann aus Sicherheitsgründen nicht mehr brauchbar. Und noch etwas sollte man berücksichtigen: die Gewährleistungsfrist. Wer einen neu gekauften Scheinwerfer erst nach drei Jahren auspackt und feststellt, dass er beschädigt ist, hat schlechte Karten.

Doch zurück zur Begutachtung des Wagens. Die könnte beispielsweise damit beginnen, dass man ihn erst mal umkreist und dabei die Vollständigkeit der Anbauteile feststellt oder deren Zustand inspiziert, sofern sie vorhanden sind. Dazu gehören unter anderem die Stoßstangen, die Beleuchtung, die Zierteile und Schriftzüge, die Türgriffe und Schlösser sowie der Frontgrill. Außerdem gehört ein prüfender Blick auf alle Scheiben und die Fenstergummid dazu.

Die Gummis der Front- und Heckscheibe sollte man zum Beispiel mit einem flachen Stückchen Holz leicht anheben, um möglichen Rost darunter zu erkennen. Denn bei Rostlöchern im Blech unter dem Gummi muss zur Reparatur auf jeden Fall die Scheibe demontiert werden. Und schon sind wir beim Check der Karosserie. Zuerst einmal gilt es, die Passungen der Türen und Hauben zu prüfen und auf wellige Karosserieflächen zu achten, die auf unfachmännische Reparaturen hinweisen können. Durchrostungen oder Beulen sind natürlich offensichtlich. Nicht vergessen, auch die Türen und Hauben zu öffnen, um in den Karosserieausschnitten nach möglichen Schäden zu suchen. Eingeklebte Dichtgummis gehen meistens kaputt, wenn sie demontiert werden müssen.

Werden später die Kotflügel abgeschraubt, können weitere Rostschäden ans Tageslicht kommen. Den Zustand des Unterbodens kann man am besten auf einer Hebebühne anschauen. Sind zum Beispiel die Schweller oder hohle Verstärkungen am Unterboden noch in überraschend gutem Zustand, aber man traut der Sache nicht so recht, kann man deren Inneres via Endoskop inspizieren. Diese Geräte gibt es zu kaufen, oder man wendet sich für diese Arbeit an eine Fachwerkstatt.

Den Restaurierungsbedarf im Innenraum sollte auch ein Laie erkennen. Sind die Polster oder das Leder aufgerissen? Hat das Armaturenbrett Risse? Sind die Sitze durchgesessen? Sind die Instrumente vollzählig und funktionstüchtig? All dies ist möglichst streng zu prüfen.

Expertenhilfe

Zum Check des Motors und des Getriebes gehören eine Funktionskontrolle und eine Sichtprüfung auf Ölverlust. Weitere Prüfungen verlangen eine gewisse Sachkenntnis, sodass jeder selbst entscheiden muss, ob er den Rat eines

Wer sein Auto auch **von unten perfekt** haben möchte, muss dies im Zeit- und Finanzplan berücksichtigen

Ziel festlegen

Eine effektivere **Kurbelwellendichtung** ist überlegenswert

Auch das Nachrüsten einer **Servolenkung** ist möglich

Manche strebt im Rahmen der Restaurierung eine **Optimierung des Fahrwerks** an

Patina ist unbedingt erhaltenswert

Zum Glück hat der Begriff Patina in der Oldtimer-Szene an Bedeutung gewonnen. Denn der Zustand eines in Würde gealterten originalen Fahrzeugs ging bei Totalrestaurierungen stets unwiederbringlich verloren. Viele missbrauchen allerdings den Begriff Patina und gebrauchen ihn im Zusammenhang mit total vergammelten Autos. Andere nutzen die Möglichkeit, den Zustand zum Beispiel einer neuen Lackierung künstlich zu altern, mit speziellen Polituren oder Leinölfirnis und ähnlichen Tricks. Doch wer höchste Originaltreue anstrebt, gibt sich nicht mit den in der Geschichte »So geht Karosserie« in diesem Buch beschriebenen Lackiermöglichkeiten zufrieden. Allein schon, weil die neuen Lacke auf Wasserbasis basieren und so nicht exakt der Originalfarbe entsprechen. Gundula Tutt hat sich schon vor Jahren auf die Erhaltung authentischer Oberflächen spezialisiert. Sie ist in der Lage, partielle Schäden in alten und originalen Lackflächen instand zu setzen und die nachlackierten Bereiche materiell und farblich auf die noch intakten Bereiche abzustimmen. Dahinter steckt ein enormer Aufwand, der weit über die Untersuchung durch ein Infrarotspektrometer hinausgeht. Das Fachwissen über die Zusammensetzung alter Lacke und eine große Datenbank mit Proben nachgewiesener Erstlackierungen gehören dazu. www.omnia-online.de

*Definitiv keine Patina sind **Durchrostungen** der Karosserie*

*Hier hat Wüstensand den **Lack abgeschmirgelt**, das Blech ist heil*

*Altes **Leder** im Innenraum ist ebenfalls erhaltenswert*

*Gundula Tutt repariert Schäden eines **Originallacks***

Fast alles kann man ***strahlen****. Wenn es sein muss auch Holz*

Reinigen, Entlacken, Entrosten

Alter Lack lässt sich in mühsamer Handarbeit herunterschleifen oder ablaugen. Es gibt aber noch andere Methoden wie das Sandstrahlen, wobei Sand als Strahlmittel heute nicht mehr oft verwendet wird. Mit dem preisgünstigen Sand lässt sich zwar viel von der Oberfläche abtragen, er schadet aber andererseits der Gesundheit. Daher kommen je nach Einsatzzweck ganz andere Strahlmittel zum Einsatz, sodass sich die verschiedensten Materialien wie Blech, Holz, Alu oder Glas damit behandeln lassen. Für eine schonende Reinigung von Bauteilen wie etwa einem Vergaser eignen sich Kunststoffund Glasperlstrahlen. Der Unterschied: mit Glas als Strahlgut wird die Oberfläche eher glänzend, mit Kunststoff matt.

Müssen an einer Karosserie neben Lack auch Spachtel- und Rostschichten entfernt werden, ist groberes Strahlgut erforderlich. Doch je grobkörniger das Strahlgut ist, desto rauer wird die bearbeitete Oberfläche, was zusätzliche Schleifarbeiten erforderlich machen kann. Wer vorab elastische Dichtmassen oder Unterbodenschutz am Auto entfernt, reduziert die Kosten für das Strahlen. Eine elegante Lösung ist das chemische Entlacken in einem Tauchbad, das auch Unterbodenschutz entfernt. Einige Firmen besitzen Bäder, die ganze Karosserien (ohne Aluminiumteile) aufnehmen. Zum Ablauf gehören mehre Tauch- und Reinigungsvorgänge. Dann folgt ein Bad im Phosphorsäurebecken zum Entrosten.

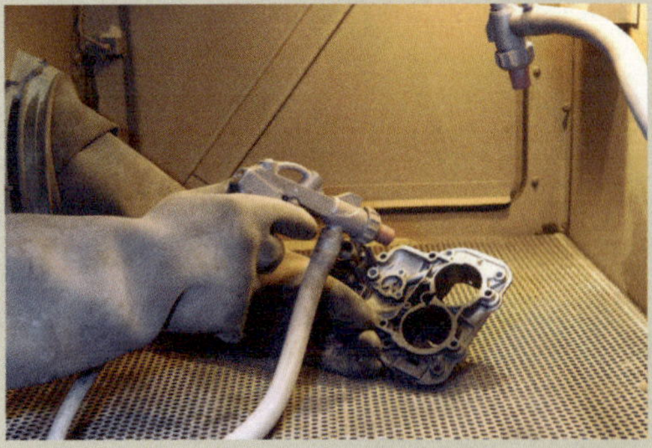

Das Glasperlstrahlen ist ***schonend*** *und reinigend*

Auch das geht: ***Entlacken*** *in einem Tauchbad*

Experten benötigt. Ist die Maschine unvollständig oder total vergammelt und dreht sich nicht mehr, kann man eines wohl gleich auf seine To-do-Liste schreiben: Motorüberholung.

Auch für die Bewertung anderer Baugruppen wird der eine oder andere fachmännischen Rat benötigen. Etwa, wenn es um die Bremsanlage geht. Zur Begutachtung einer Trommelbremse gehört zum Beispiel das Demontieren der Bremstrommel. Wie es um den Verschleiß von Gelenken des Fahrwerks oder der Radlager aussieht, vermag auch nicht jeder zu beurteilen. Aber restaurieren bedeutet ja nicht, dass man alles selbst machen muss.

Ziel festlegen

Auf Basis der gewonnenen Erkenntnisse bei der Begutachtung des Fahrzeugs lässt sich eigentlich schon ein Schlachtplan entwerfen. Aber vorher bieten sich noch einige Gedankenspiele an, die sich darum drehen, welches Ziel bei der Restaurierung angestrebt wird. Besonders, wenn es sich um einen Klassiker handelt, der sich noch weitgehend im Originalzustand befindet, kommt der Begriff Patina ins Spiel – siehe dazu den Infokasten »Patina ist unbedingt erhaltenswert« auf der folgenden Seite.

Sofern es sich nicht um ein Wrack oder einen total maroden Teileträger handelt, ist es sinnvoll, zu überlegen, was an Originalsubstanz erhalten bleiben kann. Natürlich muss die Technik funktionstüchtig sein, alte zerbröselnde Fahrwerksgummis oder abgenutzte Bremsbeläge haben nichts mit Patina zu tun. Aber es hat sicher seine Reize, eine zwar leicht matte, aber originale Lackierung zu erhalten oder den stellenweise abgenutzten Lederbezug eines Sitzes.

Natürlich könnte auch das Ziel einer Restaurierung lauten, alles in Neuzustand zu versetzen. Ist aber in diesem Zusammenhang gleichzeitig von Originaltreue die Rede, wird es kritisch. Denn würde eine Werkstatt manche Autos so restaurieren, wie sie einst das Werk verließen, ginge so mancher Kunde wegen der schlechten Passungen auf die Barrikaden. Und selbst bei der Restaurierung hochwertiger alter Ferrari traut sich heute kein Restaurierer, solche schlampigen Schweißnähte zu ziehen wie einst die Karosseriebauer von Scaglietti.

Ein weiterer Punkt, der vor der Restaurierung zu bedenken ist, betrifft mögliche technische Abweichungen vom Originalzustand oder Veränderungen der Karosserie. Letztere können sehr krass ausfallen wie der Umbau eines Opel GT zum Flügeltürer, was zum Verlust des H-Kennzeichens führt. Es gibt jedoch sinnvolle Änderungen wie die Verstärkung bestimmter Karosseriebereiche, die ab Werk bekanntermaßen unterdimensioniert waren. Gegen ein Stehblech als Verstärkung in einem Schweller hat sicherlich niemand etwas einzuwenden.

Bei technischen Veränderungen sollte man ebenfalls nicht den Verlust des HKennzeichens aufs Spiel setzen. Grundsätzlich sind Modifikationen erlaubt, die zeitgenössisch sind, also schon zur Bauzeit des jeweiligen Autos üblich waren. Oder man rüstet in seinem Klassiker ein Extra nach, das dieser nicht besitzt, aber damals geordert werden konnte, wie zum Beispiel eine Servolenkung.

Auch manche technischen Verbesserungen sind bezüglich des H-Kennzeichens unproblematisch. Dazu gehört eine Umrüstung auf eine effektivere hintere Kurbelwellendichtung bei einem MGB, Jaguar XK oder Citroën 11CV. Oder die Umrüstung der Elektrik von sechs auf zwölf Volt, um bei Nachtfahrten besser sehen zu können. Wer unschlüssig ist, ob die geplante Modifikation erlaubt ist, sollte vorher mit der zuständigen Prüfstelle Kontakt aufnehmen.

Dokumentation

Von immenser Bedeutung ist die Dokumentation der Restaurierung, besonders der Demontage des Wagens. Denn oft vergehen lange Zeiträume, bis die einzelnen Teile wieder montiert werden, und man weiß dann nicht mehr, welche Schrauben wohin gehören oder wie die Verkabelung war.

Zur Grundausstattung beim Demontieren sollte daher zumindest ein Handy gehören. Nicht etwa, um damit ein Selfie mit der Lichtmaschine zu machen – die neueren Smartphones haben

Dokumentation

Wichtige **Dokumentationshilfen**: ein Handy für Fotos, Block, Notizbuch, Klebeband zum Markieren

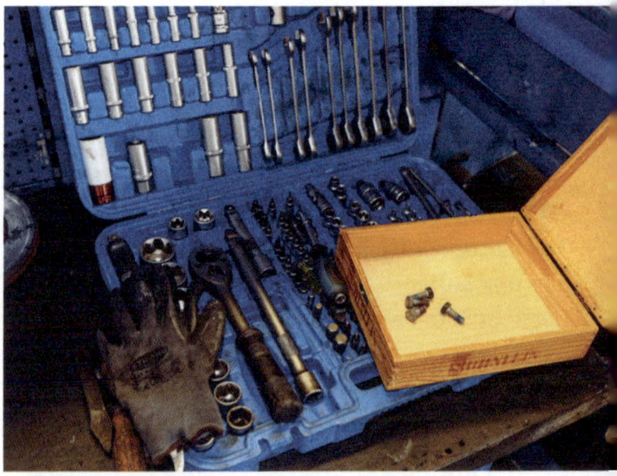

In **Schachteln**, die beschriftet werden, kann man Schrauben aufbewahren

recht gute Kameras, um den Istzustand des Fahrzeugs vor der Restaurierung, die Einbaulage einzelner Teile oder die Demontageschritte zu fotografieren. Nach dem Foto sollte man aber stets auf dem Display kontrollieren, ob das Gewünschte in akzeptabler Schärfe zu erkennen ist.

Die erstellten Fotos können dann am Computer in sinnvoll angelegte Ordner sortiert werden. Einer könnte zum Beispiel »Zerlegung« heißen und die Unterordner »Anbauteile«, »Türen«, »Motor« etc. Wer die Bilder auch gleich beschriftet, kann später die Suchfunktion im Rechner nutzen, um sie wiederzufinden.

Manchmal reicht das Fotografieren nicht aus oder ist wegen schlechter Zugänglichkeit nicht möglich. Dann erstellt man grobe Skizzen von Hand oder notiert sich die Reihenfolge der Demontage. Beim Arbeiten entdeckte defekte Teile werden natürlich gleich auf der schon eingangs erwähnten Teileliste ergänzt.

Mit einem beschreibbaren, gut haftenden Klebeband kann man demontierte Teile wie etwa Kabel beschriften. Gelöste Schrauben und Muttern eines bestimmten Bauteils oder einer kleineren Baugruppe kann man in separaten Kästchen oder Gefrierbeuteln aufbewahren und beschriften.

Manchmal passt auch gleich noch das Bauteil dazu. Muss man die Schrauben zum Verzinken weggeben, besteht die Gefahr, dass alles durcheinandergerät. Daher sollte man sie vorher gruppenweise fotografieren und auf dem Bild am Computer oder auf der ausgedruckten Fotografie beschriften. Noch besser, man legt sie auf einen Kopierer. Abgedeckt mit einem weißen Blatt ergibt sich ein schöner heller Hintergrund, und die Kopie lässt sich prima beschriften. Bei Eins-zu eins-Kopien ist dann gleich die korrekte Schraubenlänge mit erfasst.

Lagerung nach Plan

Zu bedenken gilt es ferner, dass so ein zerlegtes Auto sehr viel Platz benötigt, und dass die Teile womöglich über Jahre eingelagert werden müssen. So mancher hat dann bei der Suche nach einem bestimmten Teil von einer Lagerliste profitiert, die er angelegt hat. Eine solche Liste lässt sich auch dafür verwenden, gleichzeitig den Zustand des jeweiligen Teils oder was daran zu tun ist festzuhalten. Ein Eintrag könnte zum Beispiel lauten: Scheinwerfer rechts samt Schrauben, Kellerregal, mittleres Fach, Funktion geprüft, gereinigt, einbaufertig.

Eingelagerte Teile, die noch einer Überarbeitung bedürfen, könnte man zum Beispiel in der Liste farblich markieren. Das würde bei der Arbeitsplanung helfen, aber auf die gehen wir gleich noch ein. Auf jeden Fall ist eine gut dokumentierte Restaurierung, wozu natürlich auch die einzelnen Arbeitsschritte gehören, nicht nur dem Schrauber bei der Arbeit eine wichtige Hilfe. Auch bei einem irgendwann einmal anstehenden Verkauf des Fahrzeugs lässt sich die investierte Arbeit nachweisen oder für ein Gutachten verwenden. Die Belege über den Kauf von Ersatzteilen oder die Rechnungen anderer Firmen wie etwa für die Lackierung gehören natürlich ebenfalls in den Dokumentationsordner.

Netzwerk, Infothek anlegen

Etwas, womit man schon vor der Restaurierung anfangen kann, ist das Sammeln von Informationen und Adressen. Vielleicht hat sich der eine oder andere schon vor dem Kauf des entsprechenden Wagens mit Literatur zu seinem Objekt in Form einer Kaufoder Typenberatung eingedeckt oder hat einen Prospekt erstanden. Für eine Restaurierung muss diese Bibliothek ein wenig erweitert werden.

Empfehlenswert sind eine Reparaturanleitung und ein Ersatzteilkatalog. Letzterer kann auch bei der späteren Montage hilfreich sein, weil sich manchmal aus den darin enthaltenen Explosionszeichnungen herauslesen lässt, welche Teile wie zusammengehören.

Wer sehr viel Wert auf Originaltreue legt, kann dazu Prospekte, zeitgenössische Fotos oder entsprechende Bücher heranziehen. Bei raren Oldtimern lohnt sich manchmal sogar der Weg in ein Museum, wo ein solches Fahrzeug ausgestellt ist, um sich über die Form einer Zierleiste oder

Ohne fremde Hilfe geht es nicht. Über das Internet lassen sich Experten und Firmen aufspüren, beim Speichern der Adressen hilft ebenfalls der Computer. Auch Fachliteratur ist wichtig

Netzwerk, Infothek anlegen

den Verlauf von Kabeln zu informieren – sofern das Exponat ein Original ist oder originalgetreu restauriert wurde.

Auf dem Computer kann man sich eine Adressendatenbank anlegen. Diese kann die Kontaktdaten von Ersatzteillieferanten, von Fachbetrieben für verschiedene Leistungen wie Lackierung, Motorüberholung oder Verchromung enthalten. Aber auch die Adressen von Besitzern des gleichen Fahrzeugs oder von Clubs können für den Erfahrungsaustausch hilfreich sein.

Arbeitsplanung

Aufgrund des eingangs erwähnten Zustands-Checks und der Festlegung des Restaurierungsziels lässt sich der Umfang der nötigen Arbeit formulieren. Man sollte sich aber darüber klar sein, dass sich während der Arbeit noch andere Baustellen auftun, etwa in Form vorher unentdeckter Korrosions- oder Verschleißschäden.

Außerdem kann natürlich auch einmal etwas bei der Arbeit kaputtgehen. Das ist zwar ärgerlich, gehört aber zum Restaurieren dazu.

Wer sich nicht für eine Totalrestaurierung entschieden hat, kann nun den Umfang der nötigen Demontagearbeiten festlegen. Wer weiß, dass er beispielsweise den Motor ausbauen wird, benötigt womöglich einen Kran. Ganz gleich, wie gut eine Hobbywerkstatt ausgestattet ist, im Lauf der Restaurierung wird man sicherlich noch das eine oder andere Werkzeug hinzukaufen müssen. Manchmal wird auch Spezialwerkzeug gebraucht, das meist teuer und oft nur für eine bestimmte Arbeit erforderlich ist. Dann kann man versuchen,

Bevorzugte Schweißtechniken

Besonders beliebt bei Karosseriebauern ist das Gas- beziehungsweise Autogenschweißen (Foto rechts), das zu den traditionellen Verfahren zählt. Die nötige Schweißwärme wird dabei durch eine Brenngas-Sauerstoff-Flamme erzeugt. Als Brenngas wird Acetylen verwendet. Der Nachteil dieser Schweißtechnik ist die große Wärmeausbreitung, was zu Materialverzug führen kann. Aber nach einer gewissen Zeit der Übung bezüglich der Brennereinstellung, -haltung und -führung lernt man das Autogenschweißen zu schätzen, mit dem sich von Profis Schweißnähte erzeugen lassen, die kaum nachgearbeitet werden müssen. Außerdem lässt sich der Brenner durch die Möglichkeit der gezielten Wärmezufuhr für Richtarbeiten am Blech einsetzen. Häufig eingesetzt wird auch das Schutzgasschweißen (Foto unten), genauer gesagt das MAG-Schweißen, wobei MAG für Metall-Aktiv-Gas steht. Vom Gas geht eine chemisch aktive Wirkung auf den Schweißprozess aus. Die Funktion: Es wird ein Kurzschluss erzeugt, und der Lichtbogen brennt zwischen dem Werkstück und einer abschmelzenden Elektrode. Es handelt sich dabei um eine Drahtelektrode, die durch einen Vorschubmotor kontinuierlich dem Brenner zugeführt wird. Durch die mögliche große Strombelastbarkeit ergibt sich eine hohe Abschmelzleistung. Ein pulsierender Schweißstrom ist besonders für Dünnblechschweißung günstig, da er das Durchbrennen verhindert.

Arbeitsplanung

Demontage
Im Vorfeld sollte man sich auch über den Grad der Demontage Gedanken machen. Müssen die Scheiben raus? Oder die Achsen?

***Spezialwerkzeug** Man muss nicht jedes Werkzeug kaufen. Wer Glück hat, findet jemand, der ein selten benötigtes Spezialwerkzeug ausleiht*

***Rohkarosse** Für manche britischen Autos gibt es neue Rohkarossen, wie etwa für den Mini bei der Firma Limora in Buchholz*

***KTL-Bad** Bei der kathodischen Tauchlackierung, kurz KTL, wird auf dem Metall eine korrosionsbeständige und kratzfeste Oberfläche erzeugt*

Motorüberholung
Das Planen und Honen oder die Montage von diffizilen Objekten wie einem Porsche-Fuhrmann-Motor ist was für Experten

6

Einspritzpumpe *Wenn es um die Prüfung und die Überholung von Einspritzpumpen geht, ist Spezialwerkzeug besonders wichtig*

7

Zylinderkopf schweißen *Spezialisten können auch weiterhelfen, wenn es um Schäden wie Risse an Alu-Zylinderköpfen geht*

8

Chrom
Besonders vor 1975 gebaute Wagen haben oft viele Chromteile. Sind sie marode, muss ein Fachbetrieb gefunden werden

9

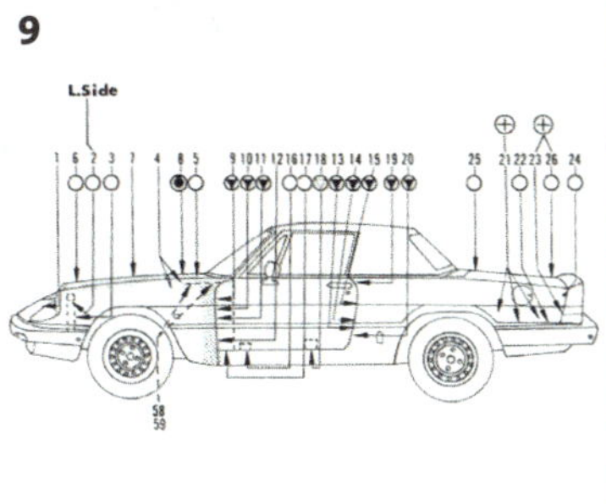

Plan für Hohlraumkonservierung
Bei Tuff-Kote-Dinol (heute Carlofon) gab es einst detaillierte Konservierungspläne

10

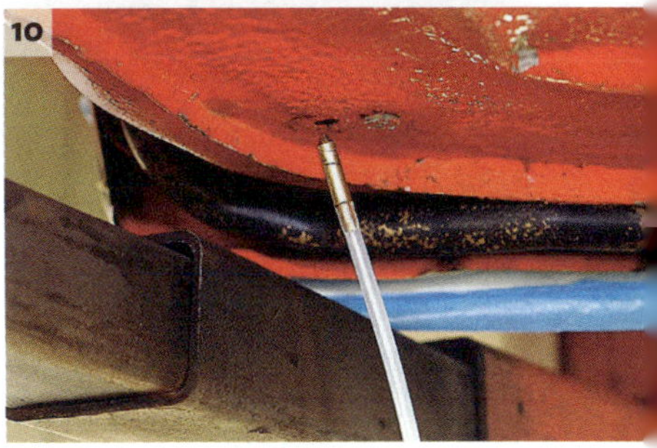

Hohlraumkonservierung
Zum gezielten Auftragen der Hohlraumkonservierung gibt es spezielle Schläuche und Düsen

Unterbodenschutz auftragen
Mancher bevorzugt einen Schutz des lackierten Bodens mit einem transparenten Wachs

> ***Tipp***
> Auf eines ist Verlass: Auch wenn die **Restaurierung** im Vorfeld exakt geplant wird, geht es nicht ohne Überraschungen ab. Man sollte sich also nicht durch Termine, zu denen der Wagen unbedingt fertig sein muss, unter Zeitdruck setzen, weil man beispielsweise an irgendeiner bestimmten Ausfahrt teilnehmen möchte. Für überraschend auftauchende Schäden sind Zeit- und Geldreserven einzuplanen. Für beauftragte Fremdfirmen wie etwa Lackierereien sind Oldtimer meist ein Nebengeschäft, dann ist oft Geduld gefragt.

es von einer Werkstatt oder einem anderen Schrauber auszuleihen. In solchen Fällen kann eine Mitgliedschaft im entsprechenden Oldtimer-Club von Nutzen sein.

An dieser Stelle sei noch mal kurz auf das Thema Schweißen hingewiesen. Die gängigen Techniken sind im Infokasten rechts auf dieser Seite erläutert. Als sehr rentabel, weil keine Gasflaschen benötigt werden und das Gerät günstig ist, gilt das Lichtbogenhandschweißen. Doch es eignet sich nicht besonders gut für Dünnbleche. Auch der Schlackenfluss muss beherrscht werden. Die Schlacke setzt sich über der Schweißnaht ab, sorgt für eine langsame Abkühlung und wird dann mit dem Schlackenhammer entfernt.

Die Anschaffung eines Geräts zum Widerstandspunktschweißen, wie es bei der Herstellung von Karosserien verwendet wird, lohnt sich für jene Hobbywerker nicht, die nur gelegentlich schweißen. Nicht unerwähnt bleiben darf das WIG-Schweißen. WIG bedeutet Wolfram-Inert-Gas. Diese noble Version des MAG-Schweißens wird von Spezialisten für Aluminium bevorzugt.

Doch zurück zur Planung. Jeder sollte sich über seine eigenen Fähigkeiten klar sein und daher überlegen, für welche Arbeiten er fremde Hilfe benötigt. So mancher kann für die Restaurierung einzelner Baugruppen auf die Unterstützung eines kompetenten Freundes bauen. Andere entschließen sich, die Demontage, die Montage und das Restaurieren der Technik selbst zu übernehmen, die Instandsetzung der Karosserie aber einer Firma zu überlassen.

Wer weiß, was er nicht kann oder machen will, sollte sich frühzeitig darum kümmern, wer dies übernimmt. Gute Firmen sind oft ausgelastet, und es können lange Wartezeiten entstehen. Aber so manches kann man einfach nicht selbst machen. Dazu gehört zum Beispiel das Verchromen. Die dazu fähigen Unternehmen werden immer weniger, denn die Nachfrage lässt nach, und das Verfahren ist aufwendig. Wer eine hohe Qualität möchte, sollte sich kundig machen, welche Firmen einen guten Ruf besitzen.

Auch rund um die Technik ist man oft auf die Hilfe von Firmen angewiesen, wie etwa für das Anfertigen von Blattfedern, das Honen der Zylinder, das Schweißen eines Aluminiumzylinderkopfs oder gar die Nachfertigung einer Kurbelwelle. Grundsätzlich ist alles möglich, letzten Endes ist es eine Geldfrage.

Die Lackierung übernimmt normalerweise ebenfalls kein Hobbyschrauber. Bei der Auswahl des passenden Betriebs kann die Erfahrung anderer Oldtimer-Besitzer eine wichtige Entscheidungshilfe sein. Dies gilt grundsätzlich natürlich auch für andere Unternehmen wie Sattler, Kühlerspezialisten bis hin zu den Teilelieferanten. Damit kein Leerlauf entsteht, wenn andere Firmen Aufgaben übernehmen, bieten sich solche Phasen an, um kleinere Teile aufzuarbeiten, die in der bereits erwähnten Lagerliste farblich markiert wurden.

Ein anderes Thema ist der angestrebte Korrosionsschutz. Über die effektivsten Methoden wird viel diskutiert. Darum nur ein Hinweis: Wer für einige Teile oder gar die ganze Karosserie eine kathodische Tauchlackierung (KTL) wünscht, sollte wissen, dass dies von den entsprechenden Firmen abgelehnt wird, wenn die Entrostung mittels Strahlen erfolgte, weil Reste des Strahlguts die Becken verschmutzen.

Ansonsten bleibt uns nur übrig, Ihnen für Ihr Projekt die Daumen zu drücken. ■

Was so alles danebengeht

Die kleinen und großen Katastrophen beim Reparieren und Restaurieren eines Old- oder Youngtimers: Jeder hat sie schon erlebt. Wir haben 20 der beliebtesten Schrauberpannen und -fehler zusammengestellt – natürlich ohne Anspruch auf Vollständigkeit.

Text Bernd Woytal · **Fotos** Matthias Seeburger

Schnell weg damit

Besonders jene, die sich erstmals als Hobbyschrauber betätigen, brauchen Erfolgserlebnisse. Sofern nicht gleich am Anfang widerspenstige, weil festgerostete Schrauben den Eifer bremsen, stellen sich solche Momente bei der Demontage oder dem Zerlegen von Bauteilen auch sehr schnell ein.

Munter werden dann Teile demontiert oder Kabel der Elektrik abgezogen. Die Überraschung folgt bei der Montage. Speziell wenn mittlerweile eine längere Zeit verstrichen ist, mangelt es an Erinnerung. Wo kam noch mal dieses Teil hin? An welchen Stecker gehörte jenes Kabel?

Besonders tief sitzt der Schreck, wenn man nach der Montage ein Bauteil übrig hat – oder eines in der Hand hält, das bereits am Anfang hätte montiert werden müssen. Darum immer dokumentieren, wo welches Bauteil oder Kabel hingehört, und die Reihenfolge der Arbeitsschritte notieren.

Zu wenig Platz

Als wahre Schrauberhelden gelten jene, die in einer Garagenbox eine Vollrestaurierung durchziehen. Dass dies aber nicht möglich ist, stellen Schrauberlaien schnell fest, wenn sie beginnen, ihr Auto zu demontieren. Denn der Platzbedarf für einen in Teile zerlegten Klassiker ist enorm. Es wird also Lagerraum benötigt. Vielleicht im Keller oder in der Wohnung? Doch wer nicht alleinstehend ist, muss sich dann erst mit seinem Partner abstimmen, speziell wenn die Teile längere Zeit eingelagert werden müssen.

Schrauben-Puzzle

Die Schrauben nach der Demontage von Teilen alle in einer Kiste zu sammeln, damit keine verloren geht, ist nur bedingt lobenswert. Bei der späteren Montage entstehen garantiert Zweifel, welche Schraube zu welchem Bauteil gehört. Das Herumprobieren kann dann unangenehme Folgen haben, wenn zum Beispiel eine Blechschraube in ein Gewinde gewürgt wird. Also Schrauben in ein Tütchen stecken und mit dem Hinweis versehen, zu welchem Bauteil sie gehören.

Sinnloser Kraftakt

»Unheimlich ist des Schlossers Kraft, wenn er mit Hammer und Verlängerung schafft.« Oder zum Thema Schraubenanziehen: »Nach fest kommt ab«. Beide lockeren Sprüche aus dem Werkstattalltag spiegeln den hirnlosen Einsatz von Werkzeug wider. Aber es geschieht immer wieder.

So etwa beim Wechseln der hinteren Bremsbeläge an einem Volvo Amazon. Insider wissen: Die Bremstrommel lässt sich nur mit einem außerordentlich stabilen Abzieher herunternehmen. Wer stattdessen zum Hammer greift, ruiniert nicht nur die Bremstrommel, sondern gleich auch noch die Antriebswelle. Gewaltanwendung an der Bremstrommel ist natürlich auch fehl am Platz, wenn vorher nicht die Bremse zurückgestellt wurde.

Viel Muskeleinsatz führt ebenfalls nicht zum Ziel, wenn man die Radmuttern auf der Fahrerseite bei einem Alfa Montreal durch Drehen gegen den Uhrzeigersinn lösen möchte, sie haben nämlich Linksgewinde.

Ein Anfängerfehler: Wem das Gefühl fürs Schrauben noch fehlt, der möchte beim Anziehen von Schrauben auf Nummer sicher gehen und übertreibt es dann. Mit einer Zehner-Nuss auf einer Halbzoll-Knarre lässt sich schnell einer Sechser-Schraube der Kragen abdrehen.

Ohne Halt

Für manche Reparatur muss man den Klassiker aufbocken oder zumindest anheben, um etwa die Reifen zu wechseln. Was dann eigentlich selbstverständlich ist, wird oft vergessen: den Wagen gegen Wegrollen zu sichern – auch wenn er auf ebener Fläche steht.

Es genügt ein dicker Holzklotz vor und hinter einem der Räder, die am Boden bleiben.

Gefährlich wird es, wenn das Auto an einem leichten Gefälle steht und lediglich die Handbremse angezogen ist. Wird dann mit einem unter der Hinterachse platzierten Rangierwagenheber das Auto an der Hinterachse so weit angehoben, dass die Räder den Bodenkontakt verlieren, kommt Bewegung ins Spiel, denn bei den meisten Autos wirkt die Handbremse auf die Hinterräder.

Und wer nicht künftig eine andere Garderobengröße haben möchte, sollte sich nie unter ein Auto legen, das nur mit dem Rangierwagenheber angehoben ist. Auf jeden Fall die Last mit Unterstellböcken sichern.

Falscher Einsatz

Die Zweckentfremdung bestimmter Werkzeuge ist die Folge von mangelhafter Werkstattausrüstung – oder weil der Schrauber zu faul ist, das benötigte Werkzeug zu suchen. So wird dann ein Schraubendreher zum Meißel, oder es werden Schrauben mit der Wasserpumpenzange gedreht. Gerne wird auch versucht, metrische Schraubenschlüssel an Köpfen von Zollschrauben anzusetzen. Bei manchen Größen kommt das ungefähr hin, aber nicht hundertprozentig. Und das rächt sich beim Versuch, eine fest sitzende Schraube zu lösen. Dann werden die Ecken rund gedreht, und es besteht die Gefahr, dabei abzurutschen und sich zu verletzen.

Auf die Schnelle

Manche Hobbyschrauber bringen sich in Zeitdruck, indem sie sich ehrgeizige Termine für die Fertigstellung einer Arbeit setzen. Dann wird der Rost doch nicht so penibel entfernt wie erforderlich, und später folgt der Ärger, weil schon zwei Jahre nach der Lackierung wieder Korrosion sichtbar wird. Oder man schraubt in aller Eile noch schnell einige Teile an – und schwupp, rutscht der Schraubendreher ab und hinterlässt einen unschönen Kratzer im Lack. Wenn es schnell gehen soll, läuft meistens etwas schief. Also Ruhe bewahren.

Feuergefahr

Es hat schon so mancher beim Einschweißen eines Reparaturblechs am Unterboden oder am Schweller seinen Klassiker in Brand gesetzt. Dann wurde meist versäumt, den Teppichboden im Wageninneren entsprechend großflächig zur Seite zu schieben. Auch Unterbodenschutz kann sich entzünden. Und Vorsicht ist bei im Schwellerbereich verlaufenden Leitungen geboten, dort kann Kraftstoff fließen. Beim Flexen ist der Funkenflug zu beachten, leicht entzündliche Flüssigkeiten sollten nicht in der Nähe stehen.

Geiz ist geil

Klar, dass jeder bei Arbeiten an seinem Oldtimer Geld sparen will, wenn es möglich ist. Doch manche übertreiben es. Sie verwenden wieder die alten verrosteten Schrauben, deren Festigkeit fraglich ist und deren Köpfe beim Festziehen ihre Kanten einbüßen, sodass sie nie wieder mit einem Schraubenschlüssel gelöst werden können. Sie bauen Teile ein, von denen ihr Leben abhängt, wie etwa Spurstangen, die aber aufgrund dubioser Nachfertigungsaktionen so billig sind, dass sie allein vom Preis her nur von minderwertiger Qualität sein können.

Oder sie verwenden wieder die alten Dichtungen. Deren Material hat sich aber durch die Montage an manchen Stellen verdichtet, und da sie nicht mehr in exakt der gleichen Lage montiert werden, läuft dann zwangsläufig das Öl aus.

Bis der Arzt kommt

Häufig vernachlässigt wird das Thema Schutzkleidung. Hier spielt die Bequemlichkeit eine Rolle. Der Schwabe sagt gerne, er mache etwas gschwind, also auf die Schnelle, ohne großes Aufheben. Zum Beispiel noch mal kurz über die kleine Roststelle am Blech flexen, natürlich ohne Schutzbrille. Und zack, hängt ein Metallsplitter im Auge. Meist sind es die altgedienten Profis, die kurz mal etwas schweißen ohne Schweißbrille. Einen hübschen Tanz führen auch jene auf, denen beim Schweißen eines auf der Hebebühne stehenden Autos ein Bröckchen heißer Unterbodenschutz oder eine Schweißperle in die Latzhose fällt.

Dicke Luft

Die meisten Oldtimer besitzen keinen geregelten Katalysator. Trotzdem kommt es immer wieder vor, dass manche bei geschlossenem Werkstatttor den Motor laufen lassen, um etwa kurz am Vergaser etwas einzustellen. Der hohe Kohlenmonoxid-Anteil der Abgase sorgt in wenig belüfteten Räumen für Lebensgefahr. Also raus mit dem Auto ins Freie – oder die Abgase über einen Schlauch nach draußen leiten.

Reingefalen

Böse Falle: Manchmal sieht es auf den ersten Blick so aus, als wären alle Schrauben identisch, mit denen ein bestimmtes Teil am Auto befestigt ist. Dann löst man sie nacheinander, und plötzlich stellt sich heraus, dass zwar Kopf und Gewinde der Schrauben übereinstimmen, aber nicht ihre Länge. Das kann daran liegen, dass die Sacklochbohrungen, in die sie gedreht werden, unterschiedlich tief sind. Es ist aber auch möglich, dass die längeren Schrauben ein anderes Bauteil berühren oder gar behindern, wenn man sie an falscher Stelle eindreht, wie zum Beispiel bei einer Tür in den Fensterhebermechanismus. Also nichts überstürzt demontieren, und gegebenenfalls die Schrauben nicht nur einem Bauteil zuordnen, sondern auch ihre genaue Lage dokumentieren.

Nicht zeitgemäß

So mancher prahlt damit, er hätte seinen Klassiker originalgetreu restauriert. Doch einem Fachmann genügt schon ein Blick, um das Gegenteil zu erkennen. Zum Beispiel wenn statt Schlitzschrauben solche mit Kreuzschlitz verwendet wurden oder wenn moderne Elektrikkabel statt baumwollumflochtener Leitungen montiert wurden. Denn viele Firmen gewährleisten, dass man bei einer Restaurierung eines Fahrzeugs nicht auf die zeitgenössische Optik verzichten muss, und bieten entsprechende Neuware an. Im Falle der Elektrik gehören dazu beispielsweise nachgefertigte Steckergehäuse, gepanzerte Leitungen oder eine Batterie in klassischer Optik.

Und für Blecharbeiten gilt, dass die ab Werk an der Karosse vorhandenen Fugen noch erkennbar sein müssen.

Mut zur Lücke

Ein geringer Qualitätsanspruch oder Bequemlichkeit verleiten so manchen Schrauber zum Schludern – besonders wenn es dabei nicht um sein eigenes Auto geht. Dann wird schon mal bei der Montage eine Schraube an schwer zugänglicher Stelle einfach weggelassen, wie jene für den Vorderkotflügel etlicher Opel-Modelle der 60er-Jahre im Bereich der A-Säule. Und wenn ein Bauteil im nicht sichtbaren Bereich mit vier Schrauben befestigt ist, aber gerade nur drei zur Hand sind, wird halt auf eine verzichtet.

Unpassend

Das Ergebnis einer gelungenen Karosserierestaurierung spiegelt sich unter anderem in den Passungen wider, die einigermaßen gleichmäßig verlaufen sollten. Doch wenn Teile eingeschweißt werden müssen, fehlt es oft an der nötigen Geduld, und das Ergebnis ist wenig erfreulich. Bevor ein Bauteil angeschweißt wird, sollte es nur provisorisch mit einigen Schweißpunkten oder mit Hilfe von Gripzangen fixiert und dann die anderen Bauteile montiert oder angehalten werden, um zu sehen, wie alles passt.

Gerne wird auch vergessen, dass bei Cabrios die Schwellerbereiche zusätzlich verstärkt sind. Wer in diesem Bereich bei Reparaturen großzügig Blech heraustrennt, ohne die Karosse vorher längs und quer mit Vierkantrohren oder Ähnlichem zu versteifen, muss sich nachher nicht wundern, wenn Türen oder Verdeck nicht mehr passen.

Geheime Löcher

Schlimm genug, wenn die Löcher für die Zierleistenklammern erst an der fertig lackierten Karosserie gebohrt werden müssen. Noch dicker kommt es dann, wenn der Werkstattmonteur Beulen ins Blech zaubert, weil er kraftvoll vorkörnt oder weil er mit viel Druck, aber dafür mit einem stumpfen Bohrer ein Loch im Blech zu erzeugen versucht. Und dann die Krönung: Der Bohrer ist durch und versinkt bis zum Bohrfutter im Loch, weil der Mechaniker vom plötzlich fehlenden Gegendruck überrascht wird. Danach ist auch die Lackierung rund um das Bohrloch beschädigt.

Zum Glück verschwindet das ja alles nachher unter der Zierleiste und bleibt vorerst unentdeckt – bis sich der Rost meldet.

Blankes Entsetzen

Wer eine Karosserie mit blank geschliffenen Blechpartien oder gar völlig entlackt in die Ecke schiebt, um sich erst mal anderen Arbeiten zu widmen, erlebt eine unangenehme Überraschung. Je nach Dauer und den Bedingungen der Einlagerung bildet sich auf den Blechflächen wieder Rost, weil die schützende Lackierung fehlt. Also entweder lange Pausen zwischen dem Entrosten und der Weiterbearbeitung der Karosse vermeiden oder das Blech zum Beispiel mit einem Korrosionsschutzöl für den temporären Einsatz behandeln.

Dummheit, Bequemlichkeit, Unachtsamkeit oder Übereifer – für Fehler beim Schrauben gibt es sehr viele Gründe

Einfach vergessen

Wenn eine Restaurierung dem Ende entgegengeht, sorgt bei manchem die Begeisterung für eine mangelnde Konzentration – mit schlimmen Folgen. Dann werden im Eifer des Gefechts manche Schrauben nicht fest oder überhaupt nicht angezogen. Die gehen dann prompt bei der ersten Ausfahrt verloren und beschädigen das frisch restaurierte Auto. Oder sie gefährden gar andere Verkehrsteilnehmer. Auch schon passiert: Es wurde vergessen, auf genügend Öl im überholten Motor oder Schaltgetriebe zu achten.

Erst mal schauen

Es gibt etliche Schrauber, die lieber herumexperimentieren, als sich vorher kundig zu machen. Es ist zwar lobenswert, wenn sich jemand an neue Aufgaben heranwagt, aber er sollte dabei nicht blauäugig vorgehen. Denn das kann teure Folgen haben, zum Beispiel wenn bei einem unbefriedigenden Motorlauf an allen möglichen Schrauben des Vergasers herumgedreht wird. Wenn man Pech hat, läuft der Motor danach im oberen Drehzahlbereich zu mager und geht kaputt.
Ein anderes Beispiel, welche kostenintensiven Folgen eine Reparatur ohne das nötige Hintergrundwissen haben kann, ist der Austausch des Simmerrings am Differenzial zur Kardanwelle hin. Bei unsachgemäßem Vorgehen kann sich das Spiel zwischen Kegel und Tellerrad verändern, und beide Teile können Schaden nehmen.
Und was ebenfalls schon mancher erlebt hat: Man schraubt einen Deckel weg und es springen etliche Teile heraus, von denen man nicht weiß, wie sie zusammengehören und ob man sie überhaupt alle wiedergefunden hat.

Ölige Geschichten

Rund um das Thema Öl gibt es zahllose Erzählungen. So mancher Laie kommt gar nicht auf die Idee, dass ins Hinterachsgetriebe ein anderer Schmierstoff eingefüllt wird als in den Motor. Und wer kann es einem Schrauberneuling verdenken, dass er nicht weiß, dass es sogar verschiedene Arten Motor- und Getriebeöl gibt, und einfach zu einem beliebigen Schmierstoff greift? Erstaunlich ist dann oft, wie lange Motor oder Getriebe mit falscher Ölfüllung durchhalten.
Es muss auch nicht immer gleich zu einem Schaden kommen, sondern es können zum Beispiel bei einem Schaltgetriebe auch Kratzgeräusche beim Gangwechsel entstehen. Wird rechtzeitig das richtige Öl ins Getriebe gefüllt, verschwinden sie wieder. Eine ähnlich positive Erfahrung machte der Besitzer eines Vorkriegs-Bentley. Weil er die Schwergängigkeit des Lenkgetriebes bemängelte, empfahl ihm die erste befragte Werkstatt eine Überholung des Getriebes, die andere füllte einfach das richtige Öl ein.
Apropos einfüllen: Es soll schon vorgekommen sein, dass jemand das fehlende Motoröl mithilfe eines Trichters durch das schmale Rohr für den Ölmessstab eingefüllt hat. Das geht zwar schon, aber es braucht halt seine Zeit. ■

Kfz-Ausbildung? Klar! Hat Zukunft.

Professionelle Old- und Youngtimer-Schrauber sind Mangelware, was auch daran liegt, dass es keine eigene Ausbildung gibt. Dennoch kann es sich lohnen, zunächst Kfz-Mechatroniker zu lernen und sich dann auf Klassiker zu spezialisieren – auch als Frau natürlich.

Text Anna Matuschek · Fotos Ingolf Pompe

Meine Rechnung war: Cool, da bekomme ich etwas beigebracht, was ich mein Leben lang nutzen kann.

Und dafür werde ich sogar bezahlt. Damals hatte ich noch keine Tattoos, nur ein Nasenpiercing, was natürlich für den Arbeitsalltag entfernt wurde. So eine Selbstverstümmelung war bei Azubis nicht gerne gesehen. Ich lernte in einer Generation des Wandels, ich lernte bei VW und Audi, als Golf II noch allgegenwärtig waren. In einer Phase, in der wir die blaue Cockpitbeleuchtung beim Golf-IV-Neuwagen feierten wie das Silvesterfeuerwerk am Sydney Opera House. Damals, als die Textilindustrie noch nichts von Frauen in der Werkstatt wusste. »Auszubildender A. Matuschek« stand über der Brust auf dem grauen Blaumann. Heute unvorstellbar.

Aber eines, das ist bis heute gleich geblieben: der Zusammenhalt unter den Kollegen. Gut, früher durfte man sich bei Zwisten nach Freigabe des Chefs zum Feierabend noch eins auf die Nase hauen, danach in redseliger Zweisamkeit eine Kiste Bier aufs Haus annippen und dabei eine Schachtel Kippen in die Lunge inhalieren. Heute setzt man wohl eher auf Work-Life-Balance und einen Kiwi-Mango-Soja-Smoothie. Auch o. k., wenn's hilft.

Gestern und heute. Das betrifft ebenso die Technik. Das Gerede von »An den alten Autos, da ist alles so einfach« ist schlichtweg nicht richtig. Alte Autos und neue Autos sind nicht besser oder schlechter, aber sie sind so unterschiedlich wie Blech und Plastik. Die große Vielfalt von Verschleißteilen gibt es an einem modernen Auto nicht mehr, dafür einen Haufen Elektronik, der bewältigt werden will. Ein Mechaniker oder Mechatroniker, der alle Generationen bedienen kann, ist echte Mangelware.

So gibt es auch einen gewissen Notstand an Nachwuchs in der Old- und Youngtimerbranche. Denn: Um den Gesellentitel zu bekommen, muss man auf dem neuesten Stand der Technik sein. Eine alleinstehende Ausbildung in Sachen Oldies gibt es nicht. Da ist es wenig überraschend, dass sich so wenige Azubis finden, die während der Ausbildung noch eine zweite Ausbildung machen, um dann bei der Gesellenprüfung Dinge können zu müssen, die sie gar nicht interessieren.

Über den Ventilteller spähen

Und jetzt kommt die gute Nachricht: Eine Ausbildung zum Kfzler ist trotzdem immer noch eine feine Sache und heißt nicht: Endstation Radwechsel und Auspufftauschen. Entweder man spezialisiert sich langfristig oder nutzt die Basis, um seine persönliche automobile Karriere anzugehen. Mir war mit 1,61 Metern Höhe und 48 Kilo Kampfgewicht klar, dass ich keine Zukunft beispielsweise als Getriebetauscher anvisierte. Heute habe ich die perfekte Mischung aus dem Praktischen in der Werkstatt, dem Theoretischen an der Tastatur und dem Persönlichen mit den Schrauberkursen. Und alles zusammen macht: glücklich.